Vincent Bontems & Roland Lehoucq

LAS IDEAS NEGRAS DE LA FÍSICA

AGUJEROS, MATERIA Y CUERPOS: POR QUÉ ABUNDA LO OSCURO

Ilustraciones de Scott Pennor's

AUTORIA
Editorial

AUTORIA
Editorial

www.autoria.com.ar

Direccion editorial
Gastón Levin

Autores
Vincent Bontems & Roland Lehoucq

Corrección
Martin De Ambrosio

Traducción
Margarita Martinez

Diseño de tapa e interior
Donagh | Matulich

Bontemps, Vincent
Las ideas negras de la física : agujeros, materia y cuerpos : por qué abunda lo oscuro / Vincent Bontemps ; Roland Lehoucq. - 1a ed . - Ciudad Autónoma de Buenos Aires : Autoria Sherpa, 2019.
160 p. ; 23 x 15 cm. - (Libros de la A)

Traducción de: Margarita Martínez.
ISBN 978-987-4968-08-1

1. Física. 2. Filosofía. 3. Cosmología. I. Lehoucq, Roland II. Martínez, Margarita, trad. III. Título.
CDD 523.1

Impreso en Elias Porter y Cia S.R.L.,
en el mes de enero de 2019.

Ciudad Autónoma de Buenos Aires, Argentina. Hecho el depósito que marca la Ley 11.723
Libro de edición argentina. Impreso en Argentina.

LAS IDEAS NEGRAS DE LA FÍSICA

Índice

Las ideas negras de la física

Los negros son un mundo.

Henri Michaux,
L'Infini turbulent

En las ideas negras de la física como "cielo negro", "cuerpo negro", "agujero negro", "materia oscura" y la "energía oscura", lo que nos intriga es lo negro [u oscuro][1]. Si un físico y un filósofo llegamos a asociarnos, es porque la oscuridad [la negrura] de las ideas científicas es a la vez instructiva e inspiradora. ¿Por qué los físicos sintieron la necesidad de ennegrecer estas ideas? ¿Qué significa el préstamo de este adjetivo al lenguaje común y corriente? ¿Es anodino y sin consecuencias para la elaboración del lenguaje científico? ¿O bien ahí se desliza subrepticiamente alguna metáfora en el núcleo de estos razonamientos? En suma, las ideas oscuras de la física, ¿tienen alguna

1. (N. de la T.) Se presenta por primera vez un problema que nos acompañará a lo largo de toda la traducción: ahí donde en francés, en el vocabulario de la física, se emplea el adjetivo "negro" (energía negra, materia negra), en español se emplea el adjetivo oscuro (energía oscura, materia oscura). En el caso de cielo negro, cuerpo negro, agujero negro dicho problema no se presenta. Cuando suceda, dejaremos el término "negro" u otros de la familia semántica entre corchetes para recordar que ese es el término francés. Hacia el final del texto, Bontems y Lehoucq plantean esta situación pero respecto de la lengua inglesa e italiana, y reflexiona sobre ella.

particularidad por el hecho de su negrura? Y entonces, ¿qué significa la palabra "negro" [u oscuro] para quien piensa e imagina las ideas negras dentro de la cultura científica de nuestro tiempo?

Pese a nuestra admiración por aquella obra maestra de humor negro que son las *Ideas negras* de André Franquin (1924-1997), nuestro libro no trata sobre las cavilaciones sombrías de algunos físicos neurasténicos. Se trata de una reflexión sobre la especificidad de los conceptos físicos que califican ciertos fenómenos como "negros". ¿Su oscuridad significa que estas ideas están emparentadas? Como hecho notable que justificaría, por sí solo, que le consagrásemos un libro, estas ideas tienen todas, además, una relación con los enigmas científicos importantes del pasado y del presente. El problema del cielo negro intrigó a los astrónomos y se les resistió durante siglos. El enigma de la radiación del cuerpo negro estuvo en el origen de la mecánica cuántica. Los agujeros negros fueron singularidades teóricas que excitaron a los astrofísicos bastante antes de que se observaran sus efectos. La materia oscura es una solución hipotética a la anomalía de la dinámica de las galaxias y conglomerados de galaxias. ¡Y la energía oscura explicaría, en lo que le concierne, la aceleración de la expansión del Universo! Entonces hay bastante materia de reflexión a propósito de las ideas negras. Sin embargo, esto quizás no tenga relación directa con su oscuridad.

Evidentemente, lo negro es ausencia total de luz. Pero en física lo negro tiene una significación particular. Un cuerpo negro no necesariamente es de color negro. Un agujero negro no tiene color, para hablar con propiedad: no se lo puede ver. Además, lo negro se atribuye a fenómenos físicos generalmente no visibles a simple vista. Esta característica varía de un fenómeno al otro –la negrura del cielo no es la negrura de la energía– pero la dificultad de la observación desempeña siempre un rol crucial en la atribución. Una idea no es negra por casualidad. Cuando pasa al lenguaje científico, el adjetivo "negro" sufre lo que Gaston Bachelard denominaba una "revolución semántica": *cambia de sentido*. Su significación de origen se ve purificada y redefinida de modo tal que no designa sino la propiedad de la cual tiene necesidad el físico para caracterizar su objeto. Lo negro deja de ser un color para convertirse en un término científico unívoco.

En fin... al menos es el ideal que el científico intenta consumar.

Hay que admitir, por cierto, que desde el mismo momento en que las palabras tienen previamente un sentido en la lengua común y corriente, en general sigue habiendo algún rastro de ese origen que contamina subrepticiamente la expresión científica y le confiere una carga metafórica latente. Hay como un halo de imágenes oscuras que acompaña discretamente, como si fuera su sombra, el discurso del físico sobre las ideas oscuras. Debe hacer retroceder estas imágenes durante sus razonamientos a fin de que su pensamiento no se apoye sino sobre ideas claras y diferenciadas, ecuaciones y mediciones ultrafinas, pero esto no significa que aquellas imágenes no existan. Por más que sea físico de profesión, no hay modo de que no las vuelva a encontrar y se deje llevar hacia las ensoñaciones. Para comprender las ideas negras, sin embargo, no sólo hay que analizar la manera según la cual la física cambia radicalmente la *denotación* del adjetivo "negro" [u oscuro], es decir, su sentido explícito, sino que también hay que revelar cómo este adjetivo da color en contrapartida, por así decirlo, a la expresión científica, cómo le atribuye ciertas *connotaciones*. Así, a cada idea negra le corresponde una imagen negra que es como la sombra proyectada por el lenguaje dentro de lo imaginario. El físico que manipula ideas negras puede no tener ninguna conciencia de las imágenes negras, pero esto prueba justamente que debe hacerlas retroceder permanentemente –cuando se vuelven un obstáculo para el pensamiento científico– o sublimarlas –cuando pueden aguijonear su curiosidad. Porque no se puede razonar con imágenes, pero tampoco podemos desgajar definitivamente el pensamiento de la imaginación. Sin confundirlos ni reducirlos a una falsa unidad, hemos decidido escribir este libro haciendo en paralelo el análisis epistemológico e histórico de la significación científica de las ideas negras.

Al proceder de este modo, nos inscribimos en el surco trazado por los trabajos de Gaston Bachelard (1884-1962); él fue el primero en poner en práctica este método dual que conjuga el análisis epistemológico con una variante muy particular de psicoanálisis. En 1938 publicó dos obras disímiles y complementarias: *La formación del espíritu científico* y *El psicoanálisis del fuego*. En la primera, explicaba cómo el espíritu científico debe comenzar siempre por superar "obstáculos epistemológicos" que lo estorban y le impiden pensar los fenómenos con rigor. Ahora bien, en general se trata justamente de las imágenes sugeridas por el lenguaje común y corriente. En la segunda, estudiaba ciertas imágenes relativas al fuego para mostrar que su asociación no tenía nada que ver con el azar: están vinculadas entre sí de modo preciso aunque totalmente diferente del modo que sugeriría la lógica. Inspirándonos en este ilustre adelantado, hemos buscado primero delimitar el sentido de cada idea negra en el seno de la física y luego el sentido de la imagen negra que le corresponde, dejando al lector el cuidado de juzgar si estos sentidos científico y metafórico divergen irremediablemente, se completan o a veces se entrecruzan. Pero antes de comenzar este recorrido que irá desde el cielo negro hasta la energía oscura (pasando por el cuerpo negro, el agujero negro y la materia oscura), intentemos delimitar sucintamente la significación general que asume el término "negro" [oscuro] en física, en el espíritu del investigador, y luego lo que evoca imaginariamente en el espíritu divagador del poeta o soñador.

* * *

¿Por qué la física ve ciertas cosas en negro? Para responder esta pregunta, hay que entender qué quiere decir "ver" en física. Desde hace bastante tiempo, el físico no observa los fenómenos sólo por medio de sus sentidos; utiliza instrumentos: desde el telescopio astronómico de Galileo hasta el último de los aceleradores de partículas, pasando por la gama de los microscopios, espectroscopios, etcétera. Estos aparatos de detección y medición le permiten entrar en interacción con fenómenos que de otra manera serían imperceptibles. Quien ve en física, el famoso *observador*, es una máquina. El investigador humano interviene antes de la observación para hacer predicciones, preparar la experiencia y calibrar los detectores, y después de la observación para interpretar los resultados, corregir sus hipótesis y sacar las conclusiones que se imponen. Pero durante la observación, lo que cuenta es la técnica. Para insistir en la mediación técnica, Bachelard forjó el neologismo "fenomenotécnica" (*El nuevo espíritu científico*, 1934). Esta palabra compuesta, que une el fenómeno con la técnica, significa que, de ahora en adelante, contrariamente a la definición clásica del fenómeno como "aquello que se da a ver", los fenómenos científicos no estarán *dados* sino que serán *construidos* experimentalmente. Para Aristóteles, no era cuestión de hacer experimentos porque esto habría sido violentar a la Naturaleza. En el siglo XIX, los positivistas todavía concebían los experimentos como la medición de un fenómeno preexistente que se intentaba luego describir por medio de una ley matemática. En la ciencia contemporánea, "fenómenos nuevos no son sólo aquellos encontrados sino también los inventados, los construidos en todas sus partes" (*Estudios*, p. 19). El investigador no observa *hechos*, produce *efectos* basándose sobre la estructura matemática de sus teorías y utilizando técnicas de alta precisión. "Ver" significa entonces basarse en una teoría física para construir la fenomenotécnica que hará aparecer (quizás) fenómenos nuevos, a veces imprevistos.

En un primer abordaje, esta manera de ver no se corresponde sino únicamente con las ciencias experimentales tales como la física de partículas, y no con las ciencias observacionales como la astronomía, en donde los fenómenos no se pueden reproducir a voluntad. Sin embargo, la fenomenotécnica está presente en los observatorios astronómicos tanto como en los aceleradores de partículas. Los investigadores observan el Universo a través de señales a veces muy débiles, en longitudes de onda fuera del espectro visible, incluso transmitidas por partículas que no son los fotones. Sus instrumentos permiten ver fenómenos invisibles a simple vista. Basándose en hipótesis abstractas y cálculos complejos, los astrónomos construyen instrumentos sofisticados para recoger información en otras longitudes de onda. "Ver" significa siempre "entrar en interacción con un fenómeno y medir esta interacción a fin de extraer de ella información acerca de ese fenómeno". Al haber sido la luz el primer vector de la información, es natural que los científicos hayan conservado el vocabulario de la visión en su lenguaje informal. Sin embargo, los fenómenos estudiados no interactúan con la luz la mayor parte del tiempo, sino con otras frecuencias de ondas electromagnéticas, cuando no es con una onda acústica o incluso con neutrinos. Aun si la luz no entrara en juego, siempre es necesario que la fenomenotécnica sea capaz de captar y medir la información que resulta de una interacción con el sistema observado.

Ahora que hemos comprendido qué significa "ver" para un físico, podemos adivinar sin dificultad a qué calificará como "negro" [oscuro]: en general es lo que no ve, o lo que ve mal. Lo negro [oscuro] en física designa aquello que se resiste a la detección, lo que no interactúa con las ondas electromagnéticas, o lo que interactúa pero de tal modo que no llegamos a captar sus informaciones mediante la fenomenotécnica de la que disponemos. El enigma del cielo negro ya planteaba este problema a su manera: ¿por qué no percibimos la luz de las estrellas que debería llegarnos desde todas las direcciones? El cuerpo negro absorbe todas las ondas electromagnéticas sin reflejar ninguna. Todo el mundo sabe que un agujero negro es un astro de masa tan grande que impide a la luz (*a fortiori* a la materia) escapar a su influjo gravitacional. La materia oscura es una hipótesis que designa una masa que no interactuaría con la luz. Finalmente, la energía oscura es quizás la idea más oscura: no solo es inobservable, sino que sería, además, la causa de una fuerza que se opone a la gravitación común y corriente.

Todas estas ideas negras [oscuras], pese a su heterogeneidad, tienen ciertamente un cierto parentesco en el nivel conceptual que se vincula con su negrura: se aplican a fenómenos que los físicos no pueden ver. En el registro representado, se puede señalar que se derivan de cuestiones que se resistieron, o que se siguen resistiendo todavía, a nuestras luces. Su estatuto a veces es difícil de esclarecer: ¿se trata de realidades, de posibilidades teóricas todavía inverificables o bien de quimeras?

* * *

Como complemento del análisis epistemológico de las ideas negras, nos proponemos realizar un "psicoanálisis de las tinieblas". Con *El psicoanálisis del fuego* –cuyo título completo habría debido ser "el psicoanálisis del conocimiento objetivo del fuego"– Bachelard inventó un género nuevo y singular de psicoanálisis. No se trata para nada de recoger las confidencias de una llama estirada sobre un diván sino de recopilar las imágenes y los símbolos del fuego que, desde tiempos inmemoriales, poblaron el imaginario de los hombres, y cuya vivacidad fungió de obstáculo al conocimiento. El psicoanálisis bachelardiano apunta a purificar el espíritu científico de las imágenes que lo obstaculizan. Porque las imágenes arcaicas del fuego no corresponden a ninguna objetividad. No pueden servir al desarrollo del conocimiento de los fenómenos de combustión. Para liberarse de ellas, el espíritu científico ha debido, y debe todavía, luchar contra su inclinación natural a atribuir, por ejemplo, una sustancia al calor, a hacer de él un fluido sutil. Bachelard quería aliviar nuestro espíritu de estas imágenes que nos arrastran a la divagación. Afirmado con fuerza en la introducción, este programa iconoclasta deja lugar sin embargo, y rápidamente, a análisis más benévolos respecto de las imágenes, más sutiles... Porque, finalmente, el filósofo de Bar-sur-Aube se deja atrapar por los encantos de las metáforas que estudia. Con el pretexto de liberarnos de extraños "complejos" del fuego, encuentra placer en detallar las imágenes resplandecientes que surgen de él.

Hemos querido trabajar también dentro de este espíritu, intentado conservar, tanto como se pueda, un equilibrio entre el carácter docto de las imágenes oscuras –a fin de que cada ensoñación ilumine las deformaciones que el imaginario hace padecer a la idea que le da nacimiento– y el carácter burlón de las asociaciones libres– para que la ensoñación conserve su espontaneidad y no sea un calco ficticio de las ideas sino el fruto de resonancias en el seno de nuestra cultura.

Sin embargo, nos podemos preguntar si lo negro se presta a ese ejercicio. Según Bachelard, el fuego es un elemento primordial del imaginario colectivo en razón, particularmente, de su rol crucial en el proceso de hominización. ¿Sucede lo mismo con lo negro [oscuro]? –Bachelard ha escrito otras obras sobre la poética de los elementos, sobre el agua, el aire y la tierra. Al hacerlo, dio crédito a la idea de que solamente los cuatro elementos alquímicos (aire, fuego, agua y tierra) constituyen las sustancias primordiales del imaginario colectivo. Ahora bien, si lo pensamos, esta tesis es arbitraria. Si las imágenes del fuego están enraizadas en el imaginario colectivo de la humanidad desde la domesticación del fuego, ¿qué decir entonces de las imágenes más arcaicas y todavía más poderosas relativas a la oscuridad de la noche que nos envolvía en otros tiempos?

Al estudiar las imágenes del "agua negra", en *El agua y los sueños*, el propio Bachelard se hizo la siguiente pregunta: si las imágenes del agua negra combinan las imágenes del agua y de la noche, ¿entonces no habría que reconocer a la noche una sustancialidad imaginaria tan primitiva y profunda como la del agua?

> Al presentar ahora algunas observaciones sobre las combinaciones del Agua y de la Noche, parecemos estar derogando nuestras tesis generales sobre el materialismo imaginario (...).Sin embargo, la ensoñación de las materias es una ensoñación tan natural e invencible que la imaginación acepta por lo común el sueño de una noche activa, de una noche penetrante, de una noche insinuante, de una noche que penetra la materia de las cosas. En ese caso, la

> Noche deja de ser una diosa enlutada, ya no es un velo que se extiende sobre la Tierra y los Mares: la Noche es *noche*, la noche es una sustancia, la noche es la materia nocturna. La noche es invadida por la imaginación *material*. Y como el agua es la sustancia que mejor se presta a las mezclas, la noche va a penetrar las aguas, va a opacar el lago en sus profundidades, va a impregnar el estanque. A veces la penetración es tan profunda, tan íntima que, para la imaginación, el estanque guarda en pleno día un poco de esta materia nocturna, algo de sus tinieblas sustanciales[2].

Nos quedamos con la siguiente hipótesis: las imágenes negras [oscuras] poseen cada una de ellas su especificidad, que se deriva de la transposición en el imaginario de una idea oscura, pero participan todas del mismo elemento imaginario, es decir, de esa materia nocturna que se puede también llamar “la Tinicbla”.

Porque había sentido la potencia y la riqueza del elemento tenebroso, Bachelard formó incluso el proyecto de un estudio sistemático de las imágenes negras: “Si se pudieran reunir y clasificar todas las *imágenes negras*, las imágenes sustancialmente negras, se constituiría, en nuestra opinión, un buen material literario (…)”[3]. Entonces, aunque no tuviera para nada en vista las ideas negras de la física como motivo de las ensoñaciones, ha relevado sin embargo la especificidad de numerosas imágenes negras que pueden corresponderle: el negro *transparente* del cielo nocturno estrellado; la negrura *interior* de los cuerpos, el negro *vertiginoso* de los abismos, el negro transmutable de la *opus nigrum* de los alquimistas, el negro *misterioso* oculto dentro de lo negro. Su intuición va por delante de nuestras indagaciones y hemos encontrado no pocos ecos entre nuestras propias ensoñaciones, elaboradas a partir de la física, y las suyas, elaboradas a partir de un cierto material literario. Sin embargo, huelga decir que no nos limitaremos a estas resonancias y que exploraremos todas las evocaciones pertinentes que nos sugiere nuestra cultura.

---

2. Gaston Bacherlard, *El agua y los sueños*, traducción de Ida Vitale, México, FCE, 1978, p. 156.
3. Gastón Bachelard, *La Tierra y las ensoñaciones del reposo. Ensayo sobre las imágenes de la intimidad*, México, FCE, 2014, traducción de Rafael Segovia, pp. 91-92.

B

El cielo negro

La noche no es noche sino para nosotros
Son nuestros ojos los oscuros

René Bajarvel, *Colomb de la lune*

Lejos de las grandes ciudades y de su polución luminosa, el cielo nocturno se nos muestra de un negro profundo sembrado de estrellas. Esto no asombra a nadie: la noche es negra, se dice, porque el sol se ha ocultado. La atmósfera terrestre pierde entonces el color azul de una jornada sin nubes cuya luminosidad anega el brillo muy débil de las estrellas. Sin embargo, constatar que el cielo nocturno es negro despierta una pregunta cuyo alcance cosmológico fue entendido por primera vez por el astrónomo Johannes Kepler (1571-1630). Kepler sostenía la teoría heliocéntrica de Nicolás Copérnico y, como él, imaginaba un universo que contenía un conjunto finito de estrellas. El astrónomo inglés Thomas Digges (1546-1595) también se había inclinado por el sistema copernicano pero sostenía, por el contrario, la idea de un universo infinito y uniformemente lleno de estrellas. Kepler se opuso a esta hipótesis porque entonces el universo habría contenido toda la luz irradiada por una infinidad de estrellas desde una eternidad, o sea una cantidad infinita: ¡el fondo del cielo debería aparecer ante nosotros como infinitamente brillante! Constatar que manifiestamente no lo es equivale a aceptar la idea de un Universo finito.

El tratamiento de este asunto adquirió una forma más cuantitativa en el siglo XVIII con los trabajos del astrónomo inglés Edmund Halley (1656-1742) y del suizo Jean-Philippe Loys de Cheseaux (1718-1751). En 1720, Halley calculó la luminosidad que resultaba del aporte de todas las estrellas de un universo que se suponía infinito y uniformemente lleno de estrellas. Para eso, recortó el espacio en una sucesión de cáscaras esféricas concéntricas y de igual espesor cuyo centro sería nuestra posición. Su estrategia de cálculo consistió en determinar las luminosidades aparentes de las estrellas contenidas en cada cáscara, y luego sumarlas para obtener la luminosidad total vista desde la Tierra. La contribución luminosa de una cáscara era igual, entonces, al producto del número de estrellas –que se suponían idénticas– que esa cáscara contenía por el brillo aparente de cada estrella. Si las estrellas estuvieran uniformemente repartidas en el espacio, el número contenido en una cáscara aumentaría como el volumen de la cáscara, es decir, como el cuadrado de su radio multiplicado por su espesor –constante. En cuanto al brillo aparente de una estrella, es tanto más débil cuanto más lejos está. Más precisamente, el brillo de una estrella disminuye como la inversa del cuadrado del radio de la cáscara que la contiene. Así, el producto de dos cantidades no depende de la distancia: la disminución de la luminosidad de las estrellas debida a su alejamiento se ve exactamente compensada por su número cada vez mayor cuando la distancia aumenta. Todas las cáscaras contribuyen de igual modo a la luz que se recibe en la Tierra, y la suma de su aporte da un resultado infinito. Es la demostración rigurosa de la intuición genial de Kepler.

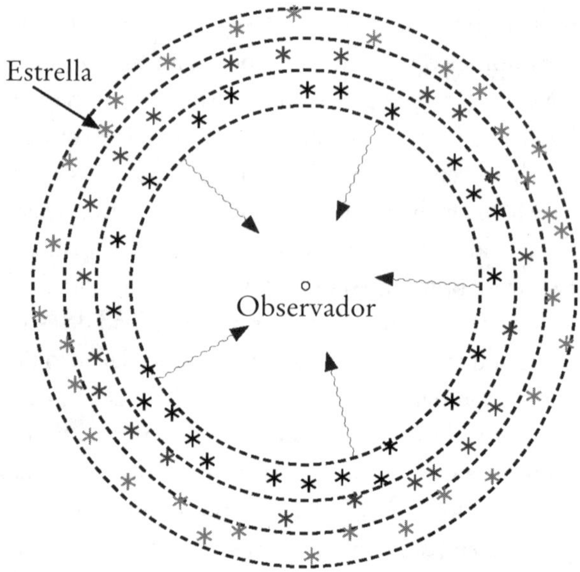

Figura 1: Recortemos el universo en finas cáscaras concéntricas de igual espesor. El número de estrellas en cada una de ellas aumenta como el cuadrado del

radio, mientras que su luminosidad disminuye según el mismo factor, aunque cada cáscara contribuya de igual modo a la luminosidad total. Si el universo es infinito y está uniformemente poblado de estrellas, la luminosidad de la bóveda celeste debería ser infinita.

Para evitar esa incandescencia enceguecedora, Halley supuso que la luminosidad aparente de las estrellas disminuye más rápidamente que la razón inversa del cuadrado de su distancia, del mismo modo en que debería hacerlo en el vacío. Esta atenuación más alta de la luminosidad a la distancia le permite obtener un resultado coherente con la observación, conservando la hipótesis de un universo infinito. En 1743, Loys de Cheseaux justificó físicamente esta conclusión imaginando un universo que estuviera lleno con algún medio ligeramente opaco. La luz de las estrellas más lejanas no podría entonces llegar hasta nosotros porque quedaría absorbida por el medio que ocupa el espacio que nos separa de ella. Pero un siglo más tarde, el astrónomo inglés John Herschel (1792-1871) criticó dicho argumento: al absorber la luz de las estrellas, el medio interestelar debería calentarse y entonces brillar a su vez. Herschel demostró que, por débil que fuera la opacidad del medio interestelar, el fondo del cielo debería ser tan luminoso como la superficie de una estrella; el Sol, por ejemplo. Al término de dicho razonamiento, la idea de una irradiación infinita había sido descartada, pero la contradicción con la realidad nocturna seguía siendo flagrante, si permanecíamos en el marco de un universo infinito...

En 1823, el médico y astrónomo alemán Heinrich Olbers (1758-1840) se interesó a su vez por la cuestión de la luminosidad del cielo nocturno. Llegó a la misma conclusión que Loys de Cheseaux, pero valiéndose de un argumento diferente. En un artículo titulado "La transparencia del espacio cósmico", escribe: "Si realmente hubiera soles en todo el espacio infinito, estén separados por distancias más o menos equivalentes o repartidos en sistemas de vías lácteas, su conjunto será infinito y el cielo entero, entonces, debería ser tan brillante como el Sol. Porque toda línea imaginaria que se trace a partir de nuestros ojos se encontrará necesariamente con una estrella fija cualquiera y, en consecuencia, todo punto del cielo nos debería enviar luz estelar, es decir luz solar". En su razonamiento, Olbers enfatizaba un hecho: las estrellas cercanas pueden enmascarar estrellas más lejanas. No son entonces miríadas de estrellas las que contribuyen a la luminosidad del cielo nocturno sino solamente las primeras en cada línea visual tendida hacia un punto de mira. Lejos de ser infinita, la luminosidad del fondo del cielo nocturno sería entonces idéntica a la de la superficie de una estrella. Incluso si el universo fuera infinito, el argumento de Olbers demuestra que existe un límite a la visibilidad: no recibimos luz alguna más allá de esta suerte de horizonte porque las fuentes más lejanas estarían enmascaradas por las más cercanas. Nuestra situación entonces es análoga a la de alguien que paseara por un gran bosque cuyos árboles estuvieran más o menos uniformemente distribuidos: cualquiera fuera la dirección en la que mirara, su línea visual hacia un punto de mira cualquiera interceptaría necesariamente el tronco de un árbol, impidiéndole así ver a través del bosque. Olbers no cifró la distancia de este límite de "saturación", es decir, el radio de la esfera hasta la cual llega nuestra mirada. Pero la podemos estimar simplemente partiendo una vez más el espacio en cáscaras esféricas concéntricas de espesor constante. Nuestra línea visual de mira se encontrará con la superficie de una estrella que pertenece a una de estas cáscaras con una probabilidad igual a la relación entre el área del disco de la estrella (su sección geométrica) y el de dicha cáscara. Si tenemos en cuenta el número de estrellas en una cáscara, esta probabilidad por unidad de longitud es igual al producto de la densidad de estrellas (número de estrellas por unidad de volumen) multiplicada por su sección geométrica. La inversa de esa probabilidad define la distancia típica al cabo de la cual la línea visual de mira se topa con una estrella. Consideremos estrellas de igual tamaño que el Sol y que estuvieran distribuidas en el espacio conforme a la densidad media de materia medida en el universo observable. La distancia límite, entonces, sería del orden de los 10^{22} años luz, muy grande, por lo tanto, pero no infinita. Finalmente, poco importa que el universo sea infinito o finito. Si es mayor que el límite de visibilidad, el cielo debería ser tan brillante como la superficie de una estrella.

¿De dónde provendría la solución? De modo sorprendente, ¡de la poesía! Antes incluso de que Vincent evoque (en el próximo capítulo) las ensoñaciones poéticas del cielo nocturno, hay que dejar testimonio de los escritos de Edgar Allan Poe (1809-1849). En 1848, Poe publicó *Eureka. Ensayo sobre el universo material y espiritual*, un largo poema en prosa consagrado a sus especulaciones cosmológicas. Allí aborda el problema del cielo negro retomando el argumento de Olbers: "De ser infinita la sucesión de las estrellas, el fondo del cielo nos mostraría una luminosidad uniforme, como la que observamos en nuestra galaxia, puesto que no habría ningún punto de ese fondo en el que no existiera una estrella"[4]. E inmediatamente aporta una solución: "Así las cosas, la única forma que nos queda, por tanto, para tratar de comprender los vacíos que nuestros telescopios encuentran en innumerables direcciones, sería suponer que es tan inmensa la distancia que nos separa de ese fondo invisible que ningún rayo proveniente de éste nos ha alcanzado todavía" (Edgar Allan Poe, *ibídem*). Sabiendo que la luz se propaga a una velocidad finita, afirmar que la luz de los astros más lejanos no puede llegarnos equivale a suponer que no existieron siempre. Entonces hay que distinguir el Universo, quizás infinito, donde encontramos estrellas en todas las direcciones posibles, y el universo observable, que reagrupa las estrellas cuya luz tuvo tiempo de alcanzarnos. Si las estrellas tienen una vida de duración limitada, la esfera incandescente que debería ocupar el cielo nocturno nunca se podría constituir.

En un libro publicado en 1861, el astrónomo alemán Johann von Mädler (1794-1874) formaliza la genial intuición de Poe. Comienza por recordar la finitud de la velocidad de la luz, hecho conocido desde las observaciones del movimiento de los satélites de Júpiter que el astrónomo danés Olaüs Rœmer registró en el observatorio de París en 1676. Luego, considera un universo cuya edad sería finita. La conclusión se impone de inmediato: no podemos percibir todas las estrellas, sino solamente aquellas cuya distancia es inferior a la distancia recorrida por la luz durante la edad del Universo. E incluso ahí aparece un horizonte más allá del cual ninguna luz nos ha llegado todavía. En 1901, Lord Kelvin (1824-1907) completará el argumento estimando la duración de vida de las estrellas gracias a sus investigaciones sobre la causa física de su brillo. Según él, las estrellas no han existido siempre, y no pueden brillar indefinidamente porque sus fuentes de energía son limitadas. Determina entonces la duración de vida de una estrella como el Sol cuya única fuente de energía es su contracción bajo el efecto de su propia gravedad: del orden de una treintena de millones de

4, Edgar Allan Poe, *Eureka*, Madrid, Edaf, 2005, traducción de Gregorio Cantera, capítulo XI.

años. Problema: esta estimación estaba en flagrante contradicción con la edad mucho mayor que los geólogos y los naturalistas, entre ellos Charles Darwin (1809-1882) atribuían a la Tierra. Para poder hacer brillar el Sol *de modo duradero*, los físicos franceses Jean Perrin (1870-1942) e inglés Arthur Eddington (1882-1944) propusieron, desde el inicio de los años 1920, que la energía de las estrellas debía provenir del núcleo de los átomos. El físico alemán Hans Bethe (1906-2005) desarrolló esta idea algunos años más tarde. Describió las reacciones de fusión termonucleares que se producen en el núcleo del Sol, única región en la cual la temperatura y la densidad son lo suficientemente elevadas como para que sean posibles. La reserva de energía nuclear de una estrella de la masa del Sol es suficiente para hacerla brillar durante cerca de 10 mil millones de años (una estrella de mayor masa tiene una duración de vida bastante más corta que el Sol, puesto que la luminosidad, y entonces el ritmo según el cual consume su energía nuclear, es proporcional al cubo de su masa). Así, las estrellas situadas más allá de una decena de miles de millones de años luz nos resultan invisibles porque su luz no nos ha llegado todavía. Esto disminuye considerablemente el número de estrellas de las cuales estamos recibiendo luz. Como observó Kelvin, "si todas las estrellas de nuestra vasta esfera comenzaran a brillar en el mismo momento (...) la luz que alcanzaría la Tierra no podría provenir sino de una proporción extremadamente débil de todas las estrellas". ¿Esto resuelve el problema de la noche negra? ¡Completamente! Porque si suponemos que las estrellas están uniformemente distribuidas en el espacio, todas las cáscaras contribuirían por igual a la luminosidad del cielo nocturno. Con un radio de observación de solamente 10 mil millones (10^{10}) de años luz, la luminosidad calculada por Olbers se divide por el factor $10^{22}/10^{10}=10^{12}$, haciendo pasar el cielo de incandescente a un negro de buena calidad. En este estadio, el cielo es negro porque no vemos sino las estrellas lo bastante cercanas, aquellas cuya luz tuvo la posibilidad de llegarnos en un tiempo menor a su duración de vida. Dicho de otra manera, la finitud de la velocidad de la luz y la edad finita de las estrellas se conjugan de modo tal de hacer directamente observable sólo una pequeña parte de un universo que se supone infinito. Un horizonte limita nuestra percepción de las luces del universo.

Un universo en expansión

Esta explicación es válida en el universo infinito y estático de la física clásica, el contexto cosmológico en el cual fue planteada la cuestión de la noche negra. ¿Pero qué pasa con el universo *en expansión* explicado por la teoría de la relatividad que sirve de marco al modelo cosmológico actual? El primer efecto de la expansión es diluir la luz emitida por las estrellas de las galaxias lejanas. En la práctica, esto equivale a disminuir el número de fuentes luminosas directamente accesibles. Hay que tener en cuenta también otro fenómeno: la expansión del universo desplaza hacia el rojo la luz que proviene de las galaxias lejanas. Este segundo efecto resulta de una dilatación de la longitud de onda de la luz en el transcurso de su viaje dentro de un espacio en expansión. Ahora bien, a un número igual de fotones recibidos, un astro es tanto menos luminoso cuanto que su luz es más roja. Las galaxias lejanas son entonces menos luminosas que lo que serían si estuvieran inmóviles en relación con nosotros. De este hecho resulta que el brillo de los astros más lejanos disminuye muy rápidamente. Por esta razón las galaxias más lejanas son extremadamente difíciles de observar: incluso con los telescopios más gigantescos hacen falta tiempos de observación muy largos para detectar su brillo débil utilizando detectores sensibles a la luz infrarroja.

Finalmente, en el marco cosmológico actual, hay dos efectos que se conjugan para explicar por qué la noche es negra. Primero, la duración de la vida finita de las estrellas (y de las galaxias que las agrupan) limita el número de fotones emitidos en el universo. Luego, la expansión del universo diluye los fotones emitidos y el desplazamiento al rojo disminuye la energía de cada fotón. El cálculo en detalle muestra que el primer factor domina al segundo: la expansión reduce a lo sumo en un factor 4 la intensidad del fondo del cielo de un universo que se supone estático. Observemos, sin embargo, que en el marco del modelo cosmológico actual, en el cual la expansión está acelerada, las galaxias terminarán por alejarse más rápidamente que lo que tarda la luz en viajar hacia nosotros. Se hundirán en el olvido saliendo progresivamente de nuestro universo observable.

¿Cuándo fue emitida la luz más antigua?

El problema de la noche negra nos lleva a interrogarnos sobre el concepto de horizonte cosmológico. Si el cielo nocturno no es tan brillante como la superficie del Sol, es esencialmente porque la duración de vida de los objetos que pueblan el Universo, que es finita, no nos permite ver sino a una parte ínfima de ellos. Así como la velocidad de la luz es finita, existe un horizonte del pasado, una distancia más allá de la cual no nos llega luz alguna. Se estima que la luz de la galaxia más antigua jamás observada fue emitida bastante antes de la formación del Sol y de la Tierra (que se remontan a 4.560 millones de años); la medida del desfasaje al rojo de su luz indica que fue emitida hace aproximadamente 13.200 millones de años.

Estrellas y galaxias no son las únicas fuentes de luz del universo porque, si éste siempre estuvo en expansión, ha emergido de una fase primitiva durante la cual era muy denso y muy caliente, una mezcla de protones, electrones y fotones. La luz está entonces íntimamente ligada con la materia porque, difundida sin cesar por los electrones libres, cambia constantemente su dirección. Todo ocurre como dentro de una neblina en la cual las gotitas de agua distribuyeran la luz generando su propagación. Como en un gas que se expande, la expansión del universo enfría y diluye la materia que contiene. Debajo de una cierta temperatura, la agitación de los protones y de los electrones se vuelve lo suficientemente débil como para combinarse, entonces, para formar los primeros átomos de hidrógeno neutro. Esta transición cambia radicalmente el paisaje, porque con la desaparición de los electrones libres la luz ya no encuentra obstáculos y se propaga libremente y en línea recta. La neblina se disipa y el universo se hace transparente.

La paradoja de la noche negra adquiere entonces un relieve muy particular porque la luz liberada en el momento de la formación del hidrógeno todavía baña el universo. Fue emitida a una temperatura cercana a la de una estrella. ¿Por qué no la vemos en todas partes en el cielo? Sencillamente porque esa irradiación primitiva –inicialmente de luz visible inicialmente– vio aumentar su longitud de onda a causa de la expansión del universo. Hoy es perceptible bajo la forma de microondas invisibles a nuestro ojo. La energía promedio de estos fotones primitivos es mil veces más débil que la energía de la luz visible y su flujo luminoso es de billones de veces menos intenso que aquel de las estrellas. Esta "irradiación fósil" ofrece la imagen más antigua que tenemos de nuestro universo. Parece emitida desde una superficie que limita el universo observable, una región del espacio-tiempo más allá de la cual ninguna luz nos puede llegar, porque en otros tiempos la materia era opaca. Las épocas más antiguas nos siguen permaneciendo veladas, entonces, por un horizonte del pasado cuya luz invirtió, según la estimación más reciente, cerca de 13.800 millones de años para llegar hasta nosotros.

¿Se puede ver más allá del horizonte?

Puesto que el horizonte se define por el momento en el cual la luz se propagó libremente por primera vez en el universo, parece paradójico preguntarse si se puede ver más allá. Y sin embargo esto podría ser posible. Para ello deberíamos diversificar nuestros medios de indagación y abandonar la luz para concentrarnos en la más evanescente de las partículas, el neutrino. Comprender el origen de la radiación fósil implica remontarse a épocas en las cuales la temperatura era de sólo algunos miles de grados. Prosigamos este viaje al pasado para considerar un universo cuya temperatura es superior a 10 mil millones de grados: en estas condiciones extremas, no sobrevive ninguna estructura atómica o nuclear. El fluido cósmico es una mezcla de protones y de neutrones entre los cuales proliferan electrones, positrones, neutrinos, antineutrinos y fotones. Entre ellos, el neutrón es particular. Es una partícula inestable que, en poco menos de un cuarto de hora, se transforma en protón emitiendo un electrón y un antineutrino. Si el neutrón no desaparece rápidamente, es porque a esas temperaturas elevadas puede efectuar la transformación inversa, convirtiéndose en neutrón y absorbiendo un antineutrino, o bien un electrón. Se establece un equilibrio entonces entre las poblaciones de protones y las de neutrones.

Con ayuda de la expansión del universo, la temperatura disminuye. Llega entonces un momento en el cual se vuelve demasiado débil para que se mantenga el equilibrio entre protones y neutrones, porque los neutrinos dejan de interactuar con la materia: se expanden libremente en el seno del plasma que se convierte, para ellos, en *transparente*.

La situación se parece del todo a la que prevalecerá para los protones cuando la temperatura haya caído lo suficiente como para que se formen los primeros átomos de hidrógeno. La forma de la distribución de energía de los neutrinos queda entonces fija y su temperatura disminuye al ritmo de la expansión del universo. Entonces existe una "radiación fósil" de neutrinos, más antigua, cuya temperatura se estima en 1,95 grados Kelvin, que es el testimonio de las condiciones que reinaban en el universo cuando su contenido todavía era opaco a la luz, es decir, en épocas situadas más allá del horizonte luminoso que hemos definido precedentemente.

¿Es posible observar estos neutrinos cosmológicos? La respuesta, desgraciadamente, es negativa, porque tienen una energía demasiado débil, comparable a la de los fotones del fondo difuso cosmológico y porque los neutrinos interactúan extraordinariamente poco con la materia: ¡haría falta una capa de plomo de espesor superior a un año luz para detener los neutrinos, que son sin embargo 10 mil millones de veces más energéticos, emitidos por las reacciones nucleares que tienen lugar en el núcleo del sol! A falta de un progreso considerable en la detección de los neutrinos, no tenemos ninguna chance de atravesar el velo del horizonte cosmológico luminoso. A falta de algo mejor, solo nuestro espíritu podrá volver transparente el universo primordial.

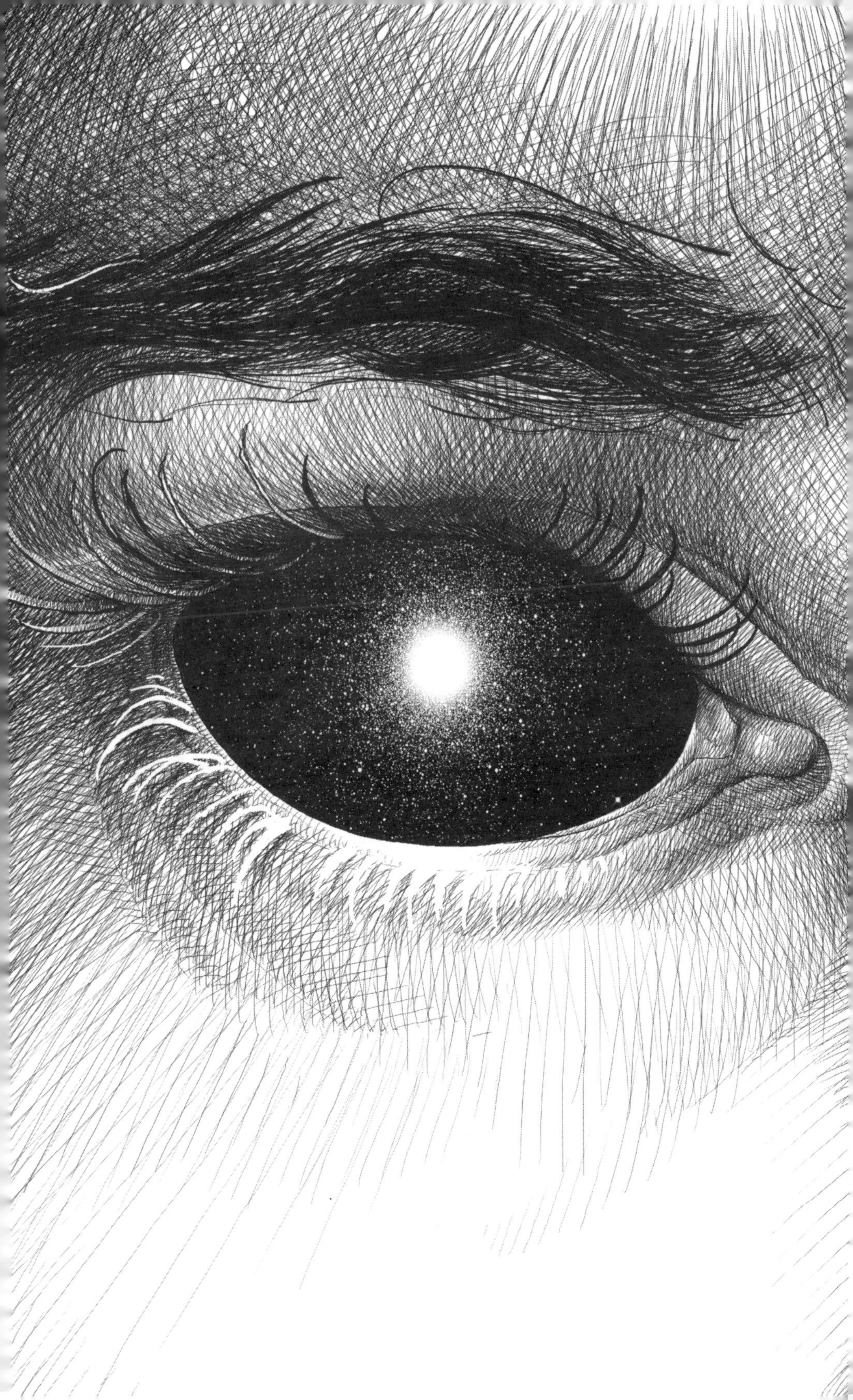

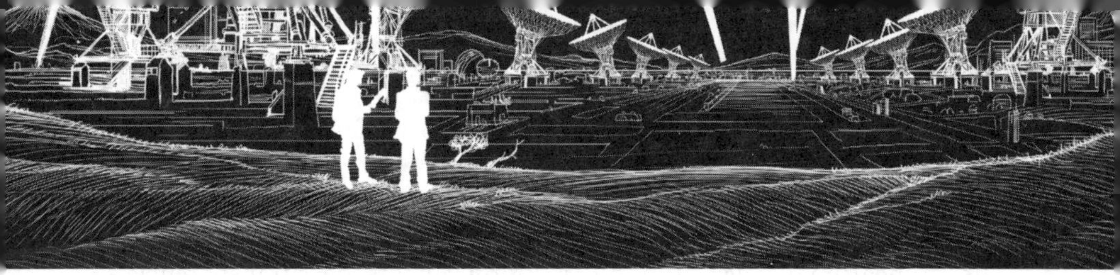

¿Por qué el cielo es negro?

Iluminamos el mundo con candelas
Todo se mantiene demasiado lejos y en la sombra.

Pierre Reverdy,
"Ciel étoilé"

De todos los negros que vamos a estudiar, el del cielo negro parece el menos extraño. Cuando mi amigo Roland evoca la negrura del cielo nocturno, la significación del adjetivo "negro" no parece haber sufrido, bajo su pluma, la metamorfosis semántica del lenguaje científico. Todo el mundo entiende inmediatamente de qué se trata; este negro, a primera vista, es banal. Cuando el astrónomo se pregunta "¿por qué el cielo es negro?", se refiere a la experiencia universal de la contemplación del cielo nocturno.

Y sin embargo... ese negro es de todos modos muy particular. Tiene toda una historia y, sin que tengamos dudas de ello, su pasaje a la lengua de los filósofos, los poetas y los científicos le ha conferido un sentido preciso y paradójico. Porque el astrónomo no se pregunta por qué la pantera o la aceituna son negras. Su negro ya no es el negro de las plumas del cuervo. No es ni el del ébano, ni el del carbón, ni el de una humareda. No tiene lazo alguno con la negrura que desluce la marea, ni que tizna metafóricamente los pensamientos de quien urde "negros designios". Desde hace mucho tiempo, la contemplación del cielo purificó lo negro de todas estas referencias demasiado prosaicas. No es un tono de aquí abajo, circunscripto al envoltorio de una cosa, sino que es la marca de una ausencia de luz astral. La negrura de la que hablamos no se aplica sino al fondo del cielo, a los inmensos espacios del cosmos. Designa precisamente *la oscuridad que la luz de los astros puede traspasar*. En consecuencia, el negro que tiene en vista el astrónomo es límpido y no opaco. Pertenece con toda propiedad al vacío intersideral. Es una negrura que da testimonio, paradójicamente, de la transparencia del espacio que permite a la luz de las estrellas llegar hasta nosotros a través de distancias inmensas.

Este negro *transparente*, purificado de su carácter equívoco habitual así como de las metáforas convenidas, es frío y es nítido. Pero no está desprovisto de resonancias afectivas. La imagen del cielo estrellado –de la noche salpicada– es una gran imagen, una metáfora inagotable para el poeta y un espectáculo propicio para la meditación en todos y cada uno de nosotros.

La transparencia del negro: lo diáfano

El negro del cielo es un color paradójico: designa a la vez la ausencia de color y la transparencia que deja pasar la luz. Desde la Antigüedad los filósofos identificaron la singularidad de esta oscura transparencia. Aristóteles (384-322 a. C.) le dio por primera vez un nombre: "Lo diáfano".

En su tratado sobre el alma (que se menciona con frecuencia con su título latino: *De Anima*) explica, a propósito de la visión, que es antes que nada una percepción de los colores, y que la transmisión de éstos supone un *medium* invisible capaz de colorearse: lo diáfano. Cuando se actualiza, lo diáfano se vuelve luminoso y transmite el color: "Por diáfano entiendo lo que es visible sin ser visible por sí mismo en lo absoluto sino gracias a un color que toma prestado" (*De Anima*, II, 7). Pensamos entonces que lo diáfano es invisible y, de hecho, Aristóteles da como ejemplo de lo diáfano fluidos transparentes como el aire y el agua. Pero el punto que nos interesa es que él aclara también que solamente lo diáfano que activa la luz, lo que denomina lo diáfano *en acto*, es transparente (y adquiere el color de la luz que lo atraviesa), mientras que lo diáfano que permanece *en potencia*, al que ningún color pone en movimiento, es oscuro: "Ahí donde lo diáfano no está sino en potencia se encuentra también la oscuridad" (*De Anima*, II, 7). Ahora bien, esta indicación a propósito de la oscuridad de lo diáfano proviene ciertamente de la observación del cielo nocturno, porque Aristóteles precisa: "La luz, de alguna manera, es el color de lo diáfano, cuando lo diáfano está en entelequia [es decir, cuando actualiza su potencia] gracias a la acción del fuego o de un elemento semejante a los cuerpos de la región superior" (*De Anima*, II, 7). La expresión "los cuerpos de la región superior" designa a los astros. Esto significa que la oscuridad del cielo nocturno es justamente lo diáfano en potencia. El cielo negro es diáfano puesto que la luz de las estrellas puede atravesarlo. Aristóteles no confunde esta negrura con la de los cuerpos terrestres. Se podría entonces traducir la pregunta "¿por qué el cielo es negro?" como "¿por qué lo diáfano del cielo nocturno no está sino en potencia?". Sin embargo, hablando como los peripatéticos, no ganaríamos en precisión sino a riesgo de no ser comprendidos, puesto que el término "diáfano" no conservó en nuestra lengua sino el sentido de "traslúcido".

La noche en colores

Entonces, ¿por qué la noche es negra? El poeta nos podría responder que no siempre lo ha sido. Hubo un tiempo en que la noche era *azul*. Todos los manuscritos iluminados[5] dan testimonio de ello. Los pintores todavía conservan el recuerdo en el "azul noche". No fue sino en el Renacimiento cuando el cielo nocturno se volvió negro: "En la imagen, en efecto, la noche es azul con mayor frecuencia que negra. Ya era el caso de la iluminación de manuscritos y la pintura de la Edad Media" (Michel Pastoreau, *Dictionnaire des couleurs de notre temps*, 1922, p. 135). De hecho, el azul y el negro tienen una larga historia común antes de que el negro reine sin que nadie rivalice con él dentro de la noche. Los poetas lo recuerdan: "Encima estaba el cielo, matizado de estrellas diversas, en su hermoso color azul-negro" (Charles Ferdinand Ramuz, *Aimé Pache, peintre vaudois*, 1911, p. 289).

Este color equívoco de la noche es también tan antiguo y preciso como lo diáfano. Poéticamente, la noche sigue siendo azul-negra porque los antiguos no utilizaban sino un único y mismo adjetivo para designar el matiz híbrido de estos dos colores aplicado al cielo. Los griegos decían *kuanos*, que los latinos tradujeron como *caeruleus*

5. (N. de la T.) *Enluminures* en el original. El término refiere específicamente a las iluminaciones (o ilustraciones) de estos manuscritos.

("del color del cielo"), lo que dio origen, en francés, a *céruléen* [cerúleo], es decir, "azul cielo". Sin embargo, el adjetivo que designaba el color nocturno finalmente llegó, como lo diáfano, a perder su oscuridad primitiva y a expresar el color del día. No obstante el asunto del color de la noche no está cerrado. Los artistas lo saben, dado que no dudan en volver a otorgarle colores en sus poemas o sus pinturas. Así ocurre con Arthur Rimbaud (1854-1891), que se maravilla por las auroras boreales que todavía no ha llegado a ver: "Soñé la verde noche de nieves deslumbrantes", en su magnífico *Bateau ivre*. Más tarde evocará también "los diez meses de la noche roja" en las *Iluminaciones*, probablemente en referencia al tinte rojizo del cielo que se contempla más allá del círculo polar, cuando el Sol no se levanta nunca y desde el horizonte brota un alba permanente. Desde el fondo de la noche pueden volver a surgir todos los colores.

Entre los pintores contemporáneos, el que más admiro es Germain Caminade (1973), en particular por sus *Galactic 572*, en los que se entrecruzan nebulosas coloreadas que emergen desde la negrura primordial. Frente a los grandes cuadros, la mirada siente el desfasaje hacia lo infinitamente grande: su pintura extiende nuestra percepción a escalas siderales. Hay fuerzas insensatas que operan en las nubes de gas dentro de las cuales, caóticamente, nacen las estrellas. La inconmensurable fraternidad de los astros en formación se revela ante el espectador por superposición y entrelazamiento de colores, la inconmensurable fraternidad de los astros en formación se revela al espectador y éste se deja tomar por el vértigo de una ebriedad cósmica. Al contemplarlas, me parece asistir al comienzo de los mundos y quedo estupefacto como ante esas imágenes que provienen de los telescopios espaciales que nos dan a ver el universo en "colores falsos" (son imágenes de irradiaciones imperceptibles al ojo a las cuales se atribuyen ciertas tonalidades). Igual que los astrofísicos, Caminade escruta con sus instrumentos oníricos la realidad en frecuencias que están situadas más allá del espectro de la luz común y corriente. La fabulosa profusión de estos colores reinventados se desmarca sobre un fondo de intensa oscuridad. El sortilegio es lúcido, casi aterrador... Es la rompiente salvaje de la potencia no apaciguada del universo en celo que sobrepasa nuestros puntos de referencia. Ardiente y babosa, la belleza de estas telas galácticas sigue siendo tan convulsiva como entre los surrealistas, pero, como en el caso de los clásicos, también es serena, dominante, a tal punto su dinamismo formidable reduce a la nada la agitación vana de nuestros destinos demasiado individuales. "Olvidemos, por un instante o por la eternidad, para aprovechar los verdaderos esplendores": he aquí el mensaje de los astros proliferantes.

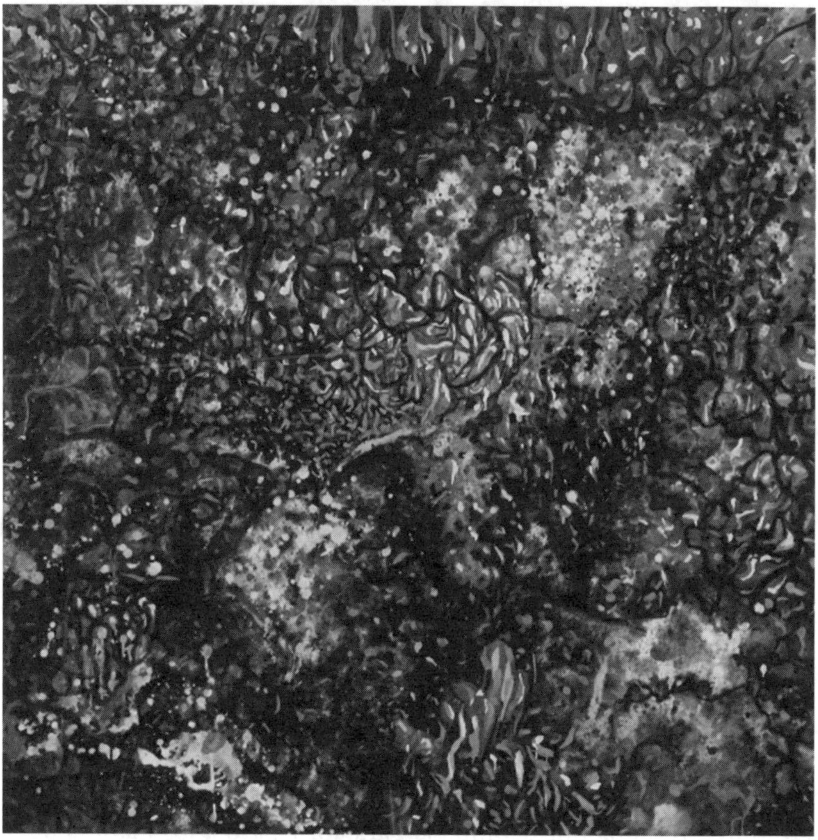

Figura 2: Galactic 572. Germain Caminade, 2011. 2x130x130. Óleo sobre tela. Colección privada.

El estuche negro de las constelaciones

La negrura del cielo manifiesta las dimensiones inconmensurables del universo. Nos hace sentir la distancia formidable que separa las

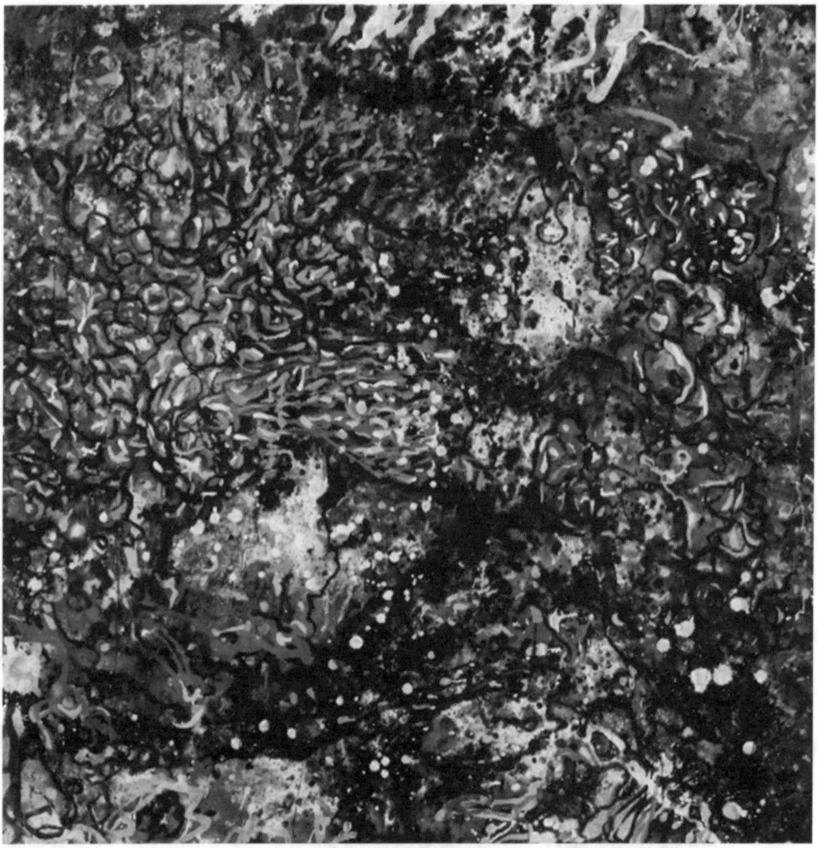

estrellas de la Tierra. Este negro es el color de la única noche que hay arriba, la transparencia diáfana del fondo del espacio, y no la oscuridad que baja sobre los paisajes y nos hace tropezar en el recodo de un camino. Cuando ha caído del cielo, el negro ya no es lo bastante absoluto. Termina por debilitarse para abrir paso a los matices de la penumbra. Incluso las nubes aéreas son demasiado espesas, demasiado cercanas o demasiado opacas como para seguir siendo fieles a la oscuridad del cielo. La perturban. Arruinan al astrónomo la contemplación de las estrellas. Hacen que el negro perfecto se degrade en una simple grisalla.

> "Un viento ligero cayó del cielo negro que agitaba como con pliegues fúnebres todo el espesor de lo que primero pareció la materia misma, desconocida e innombrable, del caos primitivo, pero que

al final resultó ser, planeando sobre todo aquel paisaje de pesadilla, una pesada techumbre de nubes grises”. [6]

En el límite, solamente el vasto océano puede recibir una parte considerable de la negrura de la noche sin traicionarla, cuando el navegante aislado mar adentro ve temblar sobre las olas el reflejo de las constelaciones. Pero esto sigue siendo un reflejo del verdadero esplendor.

Bachelard ha evocado la poesía de las constelaciones en algunas hermosas páginas de *El aire y los sueños*. Explica que solamente el sueño confiere una existencia a los signos del zodíaco, porque los puntos luminosos que los antiguos astrónomos han unido unos con otros esbozando la silueta de alguna criatura mitológica en verdad no están para nada vinculados:

> “Sobre la inmensa pizarra de una noche cerúlea, el ensueño matemático ha escrito sus diagramas. ¡Son falsas, deliciosamente falsas todas esas constelaciones! Unen en una misma figura astros totalmente extraños. Entre puntos reales, entre estrellas aisladas como diamantes solitarios el sueño constelante traza líneas imaginarias”[7].

No hay ninguna relación real entre la estrella y la galaxia que está bastante más alejada. Hace falta un delirio amoroso para que el espacio sea abolido y se dibujen constelaciones a través del cielo insondable. Bachelard lo ilustra imaginando una escena romántica, un pastor y su compañera que se dan a ver maravillas en la noche:

> “¡Ese carnero, joven pastor, que tu mano acaricia al soñar, está aquí en lo alto, girando dulcemente en la noche inmensa! ¿Lo volverás a encontrar mañana? Muéstraselo a tu compañera. Pónganse los dos a dibujarlo para reconocerlo, para tutearlo. Y ambos se probarán que tienen la misma visión, el mismo deseo y que, en la

6. Julien Gracq, *En el castillo de Argol*, traducción de Mauro Armiño, Madrid, Penguim Random House De Bolsillo, Edición digital, 2015.
7. Gaston Bachelard, *El aire y los sueños*, traducción de Ernestina de Champourcin, FCE, México, 1958.

noche misma, en la soledad nocturna, ven pasar los mismos fantasmas. ¡Cómo se agranda la vida cuando los sueños se prometen uno al otro!".[8]

Sin embargo, la imagen de la noche, como toda gran imagen, se puede invertir. Lo negro es el refugio de los sueños amorosos, pero también, y sobre todo, la trampa de la angustia más profunda. La noche negra es ambivalente, es capaz de transmutar en su contrario, a la vez dulce y cruel, a veces peligrosa y a veces festiva, madre tierna de los sueños iridiscentes o licenciosos tanto como proveedora de pesadillas lúgubres e innombrables.

La elección del negro

Esta ambivalencia concierne, antes que nada, a la noche soñada. Para apreciar en su justo valor lo negro de la verdadera noche, de la noche vivida, la noche en un clima límpido, hay que alzar los ojos hacia un cielo inaccesible, lejos de las ciudades, hacia la noche intimidante, y dejarse tomar por su lenta deriva. Es una paradoja muy conocida: para tener la experiencia de la noche negra, hay que comenzar por pasar una noche de insomnio [noche blanca, *nuit blanche*], renunciar al sueño, contemplar el cielo meditando. Aunque privado entonces de las innumerables texturas que asume a través de las cosas, el negro no es ni neutro ni pobre. Es insondable. La noche recuerda a la conciencia inevitablemente la insignificancia de toda existencia individual. Su negrura es terrible e intensa, igual que una ausencia.

Este negro terrible, que nos asalta y nos llena a veces de espanto, como a Blaise Pascal (1623-1662), es la ausencia de luz, evidentemente, pero también la ausencia del ser amado. El cielo nocturno está lleno de soledad. Su peso se vuelve aplastante si se trata de una noche sin luna. En la noche negra, la soledad se vuelve absoluta y el negro, que aísla a cada estrella, se vuelve asfixiante. En vano las estrellas son innumerables, porque cada una está abandonada. Enfrentar la noche

8. Gaston Bachelard, *El aire y los sueños*, op. cit.

negra es enfrentar la imagen de la muerte, sentir el duelo por los seres queridos. No pocos poetas han evocado las analogías que vinculan lo negro de la noche con el silencio, el frío, el vacío y otras metáforas de la ausencia. Victor Hugo (1802-1885) declamó la angustia que nos oprime ante el pensamiento de una noche sin retorno: "¿Dónde están los marinos que han naufragado en la noche negra?" (Victor Hugo, "Oceano Nox", 1836). En cambio, si la Luna está ahí, velando sobre nuestros sueños, el negro nos invita a una melancolía más suave, como si no fuera sino el estuche de una ensoñación, como si la noche fuese la tela de los sueños tiernos. Es que el claro de luna es un reflejo debilitado del Sol. Altera el negro mientras que la luminosidad de las estrellas lo exalta.

La negrura del cielo nocturno no conoce finalmente sino un bemol: el velo de la Vía Láctea que atraviesa la bóveda celeste. Según Eratóstenes (276-194 a. C.), Hermes hizo que Hércules mamara del seno de Hera para volverlo inmortal, pero, cuando la diosa se dio cuenta, rechazó al hijo ilegítimo de Zeus apartándolo, de modo que el exceso de leche se escapó de su boca. Más tarde, según otras leyendas, Hera se reconcilió con Hércules y terminó por adoptarlo. Así, para el astrónomo, el círculo lácteo señala el plano de nuestra galaxia, mientras que para el poeta erudito constituye la promesa de que la ternura maternal de alguna diosa no pudo desertar completamente en las infinitas extensiones del espacio oscuro.

Finalmente, quien medita presiente que hay cierta cobardía en esquivar la oscuridad total. Como escribe Hugo una vez más: "El hombre que no medita vive en la ceguera. Quien medita vive en la oscuridad. Sólo tenemos la elección de lo negro" (*William Shakespeare*, Libro V). En un sentido, *la noche tenía que ser negra*. Hacía falta para que recibiera, en la insuperable profundidad del cielo negro, la angustia, quizá el terror y también el apaciguamiento, el recogimiento, el olvido de los problemas cotidianos. Casi adivinaríamos una necesidad moral. Al hacerse negra, la noche libera de las apariencias lamentables. Nos entrega a las horas en las que cada cual se encuentra a solas con su conciencia para juzgar su conducta y encontrar un sentido a la propia existencia: "Dos cosas llenan mi alma de una admiración y de un respeto incesantes y que se acrecientan a medida que la inteligencia se fija en ellas: el cielo estrellado sobre nuestras cabezas y la ley moral en torno nuestro"[9]. Así lo escribe Kant (1724-1804) en lo que sigue siendo uno de los monumentos de la filosofía moral, su *Crítica de la razón práctica* (1788). Al recordar la ineluctabilidad de la muerte que nos rodea, el cielo negro nos muestra que es posible hacer irradiar la vida como una estrella, es decir, dar sentido a nuestra frágil existencia por medio de la libertad. Si la noche no fuera tan negra, nos veríamos privados de una experiencia estética fascinante, íntima y sentimentalmente inestimable, pero también de una experiencia existencial fundamental.

A la pregunta "¿por qué el cielo nocturno es negro?", el filósofo se vería inclinado a responder de una manera finalista que haría sonreír al astrofísico: "El cielo es negro para que podamos ver a las estrellas". Una respuesta semejante pertenece justamente al reino de los fines, al dominio moral. Por más angustiante que sea la contemplación del cielo negro, esta angustia es la de la libertad que toma conciencia de sí misma, y esa certeza de ser libre, incluso solo frente a las tinieblas, es de gran consuelo cuando la marcha de los asuntos mundanos parece comprometida, incluso desesperada. Con muy pocas diferencias, es lo que recuerda un gran moralista poco tiempo antes de ser asesinado:

> "La nación está enferma. Los disturbios hacen estragos en nuestras comarcas. La confusión está en todas partes. Es una afirmación extraña, pero sé que, de cierta manera, sólo cuando hay oscuridad suficiente se pueden ver las estrellas".[10]

---

9. Immanuel Kant, *Crítica de la Razón Práctica*, traducción de Antonio Zozaya, Madrid, Mestas, 2004, pág. 216.
10. Martin Luther King, *I've been to the Mountaintop*, 1968.

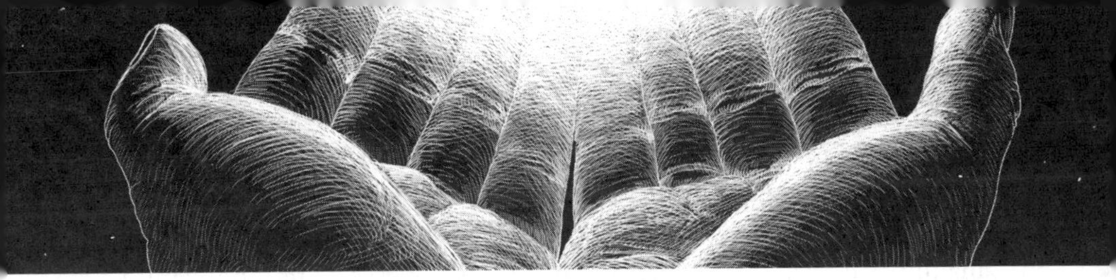

El cuerpo negro

Para ver que está oscuro,
no tenemos necesidad de ser una luz.

PHILIPPE GELUCK,
L'avenir du chat

Bien al final del siglo XIX, el físico británico William Thomson (1824-1907), más conocido por el nombre de Lord Kelvin, estimaba que no había ya nada para descubrir en física. Solamente dos nubes ensombrecían el cielo de su disciplina. Una de ellas concernía a la cuestión del espectro de la luz que emitía la materia caliente. Los sabios habían llegado a un modelo matemático del fenómeno que se ajustaba razonablemente bien a la curva experimental para las bajas frecuencias luminosas, hacia el rojo y el infrarrojo. En cambio, había un desacuerdo importante entre el modelo y la experiencia para las altas frecuencias (azul y violeta), donde los valores experimentales eran mucho más débiles que los valores previstos por el modelo. ¡Vaya nube! Ese problema estuvo en el origen de un verdadero ciclón, puesto que los desarrollos teóricos y experimentales necesarios para su resolución dieron nacimiento a la teoría cuántica.

Retomemos la historia desde sus inicios, en la Berlín de fines del siglo XIX. La capital del nuevo Reich alojaba entonces a algunos de los mejores físicos experimentales y teóricos del mundo. La física parecía estar en su apogeo y descansaba sobre tres pilares: la mecánica, que incluía la teoría de la gravitación introducida por Isaac Newton (1642-1727); la teoría del electromagnetismo, desarrollada particularmente por James Clerk Maxwell (1831-1879); y la termodinámica, más reciente, que trataba de las diferentes formas de energía y del modo en el cual se intercambiaban y transformaban. Nacida bajo el impulso del físico francés Nicolas N. Sadi Carnot (1796-1832), y del estudio de las máquinas de vapor por parte de los físicos ingleses, la termodinámica se basaba en dos principios:

- La conservación de la energía, según la cual la variación de la energía interna de un sistema cerrado es igual a las cantidades de calor y trabajo que intercambia con el exterior;

- El aumento de la entropía, que traduce el hecho de que el calor siempre pasa desde un cuerpo cálido hacia un cuerpo frío y nunca en sentido contrario.

Esta disciplina estaba escindida en dos ramas. La primera, la termodinámica "fenomenológica", se interesaba en la descripción macroscópica de los fenómenos calóricos sin pronunciarse acerca de su naturaleza o su causa microscópica. Bajo el impulso del físico austríaco Ludwig Boltzmann (1844-1906), la segunda, la termodinámica estadística, intentaba entender a su vez las transformaciones térmicas a partir de una descripción microscópica de la materia forjando la hipótesis de la existencia de moléculas o átomos (en esa época ambos términos eran todavía equivalentes).

Uno de los problemas que preocupaban a los físicos del campo concernía a la radiación emitida por un cuerpo caliente que, siendo primero rojizo, se convertía en rojo vivo y luego se hacía blanco a medida que su temperatura aumentaba. Se trataba de explicar las características detalladas de esta radiación a partir de las propiedades de la materia que la emite. En 1859, el físico alemán Gustav Kirchhoff (1824-1887) enunció el primer resultado importante acerca de este tema aplicando el segundo principio de la termodinámica a un cuerpo en equilibrio térmico. Probó que la relación entre la emisividad de un cuerpo –su capacidad para emitir luz– y su coeficiente de absorción –que mide el modo en el cual absorbe la luz– es una función universal de la frecuencia luminosa: es independiente del cuerpo y no depende sino de su temperatura. Esta universalidad confiere a la función de Kirchhoff un carácter fundamental. En la práctica, significa que un cuerpo capaz de absorber intensamente la luz en una cierta frecuencia también es un buen emisor en esa frecuencia, y viceversa. Esto trajo aparejado el nacimiento del concepto de "cuerpo negro". Forjado por Kirchhoff en 1862, el cuerpo negro es el objeto ideal capaz de absorber la totalidad de la energía luminosa que recibe. Para permanecer en equilibrio, irradia entonces una cantidad exactamente igual; el cuerpo negro suministra el patrón ideal de radiación de los cuerpos materiales, todos más o menos cuerpos negros pero nunca de modo absoluto.

El físico austrohúngaro (esloveno) Josef Stefan (1835-1893) obtuvo un segundo resultado muy importante en 1879. Stefan estableció experimentalmente que el flujo luminoso emitido por unidad de superficie de un cuerpo negro es proporcional a la cuarta potencia de su temperatura. Gracias a su ley, llegó a determinar la temperatura del sol (aproximadamente 5500° C) relacionando la medición de su irradiación total con su presunta superficie. Porque, y por más extraño que pueda parecer respecto del sentido habitual del adjetivo "negro", el Sol es un cuerpo negro. Como lo demostrará Vincent, esta asimilación del Sol a un cuerpo negro es una paradoja profundamente perturbadora para el imaginario que opone la incandescencia del astro a la ceniza y el hollín, pero es también fuente de ambivalencias profundas.

El enigma de la radiación del cuerpo negro

En esa época, la manera de reproducir lo más fielmente posible las características de un cuerpo negro consistía en perforar un agujero pequeño dentro de un horno. Toda la radiación que atraviesa dicha abertura se ve sometida a difusiones múltiples en las paredes internas. Finalmente absorbida dentro del horno, la luz que entra no vuelve a salir más. La superficie inmaterial del agujero es entonces perfectamente absorbente igual que lo sería un cuerpo negro. Por otra parte, las paredes internas del horno emiten una radiación en todas las frecuencias debido a la agitación térmica de sus átomos. Los físicos estudiaban la luz que emerge del agujero y que resulta del equilibrio térmico entre emisión y absorción. Por otra parte, lo que utilizó el físico alemán Wilhelm Wien (1864-1928) para determinar experimentalmente la forma del espectro luminoso en función de la temperatura fue precisamente un horno. En 1893, Wien franqueó una etapa decisiva. Calculó la forma general del espectro del cuerpo negro en función de la frecuencia v de la luz y de la temperatura T del cuerpo a partir de argumentos puramente termodinámicos. Este espectro necesariamente debía ser de la forma $u(v,T) = v^3 F(v/T)$, en donde F es una función desconocida que no depende sino de la relación entre frecuencia (v) y temperatura (T). Al sumar, a temperatura fija, las contribuciones de todas las frecuencias, la expresión de Wien permite demostrar la ley de Stefan, que así quedaba justificada teóricamente. En 1896, el mismo Wien propuso una función F particular que desembocaba en un espectro en buena consonancia con sus mediciones para las frecuencias elevadas: $u(v,T) = a (v/c)^3/\exp (b\, v/T)$, donde a y b son constantes determinadas por la experiencia, y c es la velocidad de la luz.

Uno de los amigos más cercanos de Wien, el físico alemán Max Planck (1858-1947), se interesó también por el problema del cuerpo negro desde 1894, pero con un objetivo algo diferente. Fascinado por el segundo principio de la termodinámica al cual había consagrado su tesis de doctorado, Planck rechazaba al mismo tiempo la hipótesis de los átomos que sostenía Boltzmann. Al estudiar el cuerpo negro, esperaba llegar a una nueva comprensión sobre la irreversibilidad en termodinámica que no estuviera basada en dicha hipótesis. Más bien la imaginaba vinculada con la interacción entre materia y radiación, que se suponía continua en esa época, y no con efectos de estadística microscópica como sostenía Boltzmann.

Desde 1895, Planck tuvo la idea de describir el cuerpo negro a través de un conjunto de resonadores (osciladores) perfectos que estaban ubicados en una cavidad de paredes perfectamente reflectantes. Estos resonadores son dipolos eléctricos que oscilan bajo el efecto de un campo electromagnético. Según el resultado de Kirchhoff, el espectro final de radiación emitido y difundido por estos resonadores debía permitir volver a encontrar la ley del cuerpo negro. Planck eligió este modelo porque la difusión de una onda electromagnética a través de un resonador es un proceso irreversible incluso si el resonador es perfecto, es decir, si está desprovisto de todo rozamiento o toda resistencia. Boltzmann criticó esta modelización porque las ecuaciones de Maxwell del electromagnetismo son invariantes por inversión del tiempo. Reversibles temporalmente, no pueden en consecuencia llevar a la aparición de la irreversibilidad. Se inició una controversia entre los dos sabios y Planck finalmente tuvo que admitir que Boltzmann tenía razón. Sin embargo, este último acompañó sus críticas con una sugerencia constructiva: para obtener un comportamiento irreversible, hay que proceder como en su demostración de la irreversibilidad de la evolución de un gas en el cual hubiera introducido un desorden molecular. Esto equivale a agregar al modelo de Planck la hipótesis de un movimiento desordenado de los resonadores.

Al excluirse el electromagnetismo como posible fuente de la irreversibilidad, Planck concentró sus esfuerzos sobre la termodinámica. Como quería, antes que nada, actualizar las verdaderas causas que fundan las leyes físicas, la fórmula empírica de Wien no lo satisfacía. Planck acarició entonces la esperanza de determinar el espectro del cuerpo negro utilizando solamente principios fundamentales. Desarrolló un nuevo modelo en el cual las vibraciones de la radiación electromagnética y las de los resonadores son completamente incoherentes entre sí. De ello saca dos conclusiones: a gran escala, la evolución del sistema es irreversible; la radiación termina por convertirse en homogénea e isótropa. Había progresado pero sin llegar a un modelo satisfactorio.

Esa era la situación en la víspera del año parteaguas que fue 1900. A lo largo de ese año dos equipos de experimentadores estudiaron el comportamiento del espectro del cuerpo negro en el régimen de las bajas frecuencias. Llegaron a la misma conclusión: en esa gama de frecuencias, la fórmula de Wien es completamente falsa y no explica los datos experimentales.

El 7 de octubre de 1900, el físico alemán Heinrich Rubens (1865-1922), que realizaba sus experimentos en el Instituto imperial de física y tecnología de Charlottenburg, visitó a Planck en su villa de los suburbios berlineses. Los dos físicos abordaron evidentemente la cuestión del cuerpo negro y Rubens describió a Planck sus últimos avances en la medición de la cola infrarroja del espectro: la densidad de energía en ese lugar es proporcional a la temperatura. Después de que Rubens se fuera, Planck se puso a trabajar de inmediato y le envió, al día siguiente, una tarjeta postal proponiéndole una nueva forma para el espectro del cuerpo negro: $u(v/T) = a(v/c^3)/[\exp(bv/T) - 1]$. Esta fórmula tiene el mérito de respetar la obligación de la proporcionalidad de la energía y la temperatura a baja frecuencia (entonces en el infrarrojo) confundiéndose con la fórmula de Wien para las altas frecuencias. Esa misma noche, Rubens y su colega Ferdinand Kurlbaum (1857-1927) hicieron otras mediciones que concordaban perfectamente con la nueva fórmula de Planck en todas las frecuencias. Algunos días más tarde, el 19 de octubre, Planck presentó su cálculo a sus colegas de la Sociedad Alemana de Física, en Berlín.

Si Planck obtuvo su resultado tan rápidamente, no fue ni por casualidad ni por capricho de la inspiración. Ya tenía todas las herramientas conceptuales y matemáticas publicadas en sus artículos precedentes. Con su nueva fórmula, lo que hacía era conjeturar una interpolación entre la fórmula de Wien y otra que debemos al físico inglés John William Strutt, Lord Rayleigh (1842-1919). En junio de 1900, este último había propuesto que el espectro de baja frecuencia se escribiera $u(v,T) = 8n (v^2/c^3) kT$. La fórmula de Rayleigh adolecía sin embargo de un mal recurrente en física: al sumar las contribuciones en todas las frecuencias, llevaba a una energía total infinita. En 1911, el físico austríaco Paul Ehrenfest (1880-1933) le pondrá a esta conclusión el nombre de "catástrofe ultravioleta" En su presentación, Planck no hizo ninguna mención a este inconveniente, ni siquiera al resultado de Rayleigh, cuyas hipótesis atomísticas no aceptaba. Sin embargo, Planck no se conformó con este resultado porque siempre pretendía deducirlo de los principios primeros. Se explicó en el discurso que dio al recibir el Premio Nobel en 1920: "Incluso si la fórmula de la radiación se hubiera revelado como perfectamente correcta, no habría podido sino ser una fórmula de interpolación hallada gracias a una feliz conjetura, y esto me habría dejado insatisfecho. Desde su descubrimiento, me esforcé entonces por darle una interpretación real física, lo que me llevó a reflexionar sobre las relaciones entre probabilidad y entropía siguiendo las ideas de Boltzmann".

Para obtener esta justificación más fundamental que invocaba con todas sus fuerzas, Planck no encontró otra solución que recurrir a los métodos estadísticos desarrollados por Boltzmann incluso si seguía estando resueltamente en oposición con la hipótesis atomística. Introdujo la idea de que la energía total de las resonancias se divide en porciones de energía ε, proporcionales a su frecuencia v ($\varepsilon = hv$).

De pronto, aunque los resonadores y la radiación tuvieran energías que variaban continuamente, sus intercambios se volvieron cuantificados en paquetes pequeños. El factor de proporcionalidad h que aparece en dicha expresión es una nueva constante de la física que no fue reconocida de inmediato como una constante fundamental. En efecto, Planck se negó categóricamente a interpretarla de manera realista como Boltzmann lo había hecho con su constante k justificada por la existencia de los átomos. Es, a pesar de él, en un "acto de desesperación" ("porque me alejé de la naturaleza con completa conciencia", decía Planck), que introdujo la constante que vinculaba energía y frecuencia y la llamó "h", porque era la inicial de "Hilfe!" ("¡Ayuda!", en alemán). Esto le permitió demostrar su fórmula y precisar los valores de las constantes $a=8\pi h$ y $b=h/k$ introducidas empíricamente. Obtuvo el siguiente espectro: $u(v,T)= 8\pi h(v/c)^3/[\exp(hv/kT)-1]$. Planck presentó esta fórmula en la Academia de Berlín algunas semanas después, el 14 de diciembre de 1900. La comparación con la primera fórmula propuesta por Planck podría dejar pensar que su acción se resumía en un simple cambio de notación. Sin embargo, se trata de un real salto conceptual.

La constante h no demoraría en convertirse en el emblema de la física cuántica cuya emergencia siguió rápidamente a los trabajos de Planck. En el transcurso del año 1905, el joven Albert Einstein (1879-1955) redactó varios artículos revolucionarios. El primero tomaba en serio las ideas de Planck; a decir verdad, más seriamente que lo que Planck se tomaba a sí mismo. Para Einstein la luz no era un fenómeno continuo sino que estaba vehiculizada por una suerte de granos de energía que más tarde se llamarían "fotones". Esto le permitió interpretar naturalmente el efecto fotoeléctrico descubierto por Heinrich Hertz (1857-1894) en 1887. La luz, entonces, en ciertas circunstancias, tiene una estructura corpuscular y no ondulatoria, en el sentido en que está compuesta de pequeños paquetes indivisibles que transportan una energía que depende de su frecuencia. Este descubrimiento, así como otros, como la prueba experimental de la existencia del átomo, estuvo en el origen de la revolución cuántica de comienzos del siglo XX.

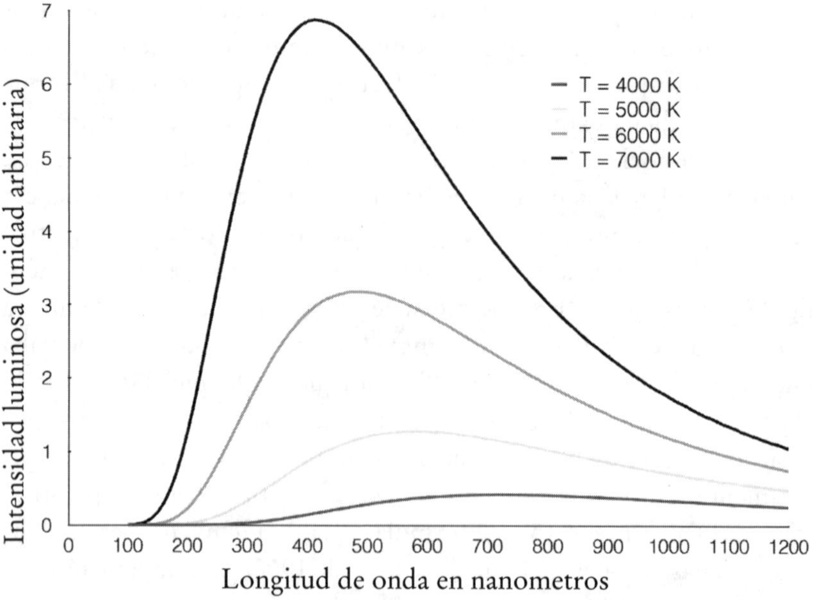

Figura 3: El espectro del cuerpo negro tiene una forma que depende solo de la temperatura de la fuente. A medida que aumenta la temperatura, el área bajo la curva aumenta y el máximo de la curva se mueve hacia las longitudes de onda cortas.

La resolución del enigma de la radiación del cuerpo negro fue entonces la aventura que hizo tambalear la física del campo clásico, casi ultimada, hacia el horizonte cuántico insospechado y sorprendente. Para Lord Kelvin, no se trataba sino de una pequeña nube que pronto se disiparía. Para Planck, fue una obsesión que lo impulsó a trabajar contra sus propias convicciones. Y para Einstein, fue el instrumento del descubrimiento más fantástico jamás hecho a propósito de la luz, la fusión de las nociones de corpúsculo y de onda.

¿El cuerpo negro existe verdaderamente en la naturaleza?

La metrología tiene necesidad de dispositivos que simulan lo más perfectamente posible la emisión de un cuerpo negro ideal, que se define como un objeto que tiene una emisividad muy cercana a 1. El *superblack* es un ejemplo de un material semejante. Se lo fabrica atacando químicamente la superficie de una aleación de níquel y fósforo y refleja sólo 0,4% de la luz incidente. Otra solución consiste en acomodar verticalmente nanotubos de carbono sobre una superficie de silicio: el material resultante absorbe 99% de la luz incidente, desde los ultravioletas a los infrarrojos. Finalmente, la sociedad Surray NanoSystems comercializa el Vantablack, un pigmento pulverizable capaz de absorber 99,8% de la luz incidente. El artista británico Anixh Kapoor (1954) obtuvo además el uso exclusivo de este revestimiento para obras artísticas.

Como se ha señalado a propósito del Sol, la parte continua del espectro de ciertas estrellas es prácticamente idéntica al espectro de un cuerpo negro. Sin embargo, el efecto combinado de la emisión y de la absorción en el interior de la estrella impone al espectro emitido por la superficie, en una primera aproximación, ser el de una superposición de cuerpos negros asociados a las diferentes capas interiores. Más calientes, las capas profundas son entonces más luminosas que las capas superficiales, pero también resultan más absorbidas. El espectro emitido por cada capa debe entonces ser ponderado mediante un factor que tenga en cuenta dicha absorción. El espectro observado, suma de todas esas contribuciones, entonces no tiene *a priori* ninguna razón para parecerse a un espectro de cuerpo negro. Pero para el Sol, el espesor de la región de la cual parece haber sido emitida la radicación que recibimos es de aproximadamente 500 km, bastante más pequeña que el radio solar de 696.000 km. La temperatura de esta fotósfera es entonces relativamente uniforme, haciendo del espectro del cuerpo negro una aproximación razonable para el espectro solar. Definimos entonces así la temperatura efectiva de una estrella como la que tendría un cuerpo negro que irradiara tanta energía como el astro. En el caso del Sol, vale 5.700 Kelvins, o sea 5.427° C.

El cuerpo negro más frío

A mediados de los años 1960, dos radioastrónomos estadounidenses, Arno Penzias (1933) y Robert Wilson (1936) descubren una radiación que parecía provenir de todas las direcciones del cielo.

Sorprendente a sus ojos, la existencia de esa radiación había sido predicha en 1948 por el físico estadounidense de origen ruso George Gamow (1904-1968). Suponiendo como dada la expansión del Universo, Gamow conjeturó que en la fase durante la cual el universo fue mucho más denso y más cálido que hoy debió haber emergido una cierta radiación. Si la temperatura del universo alcanzó varios miles de grados Kelvin en el pasado, entonces la materia estaba totalmente ionizada y la luz se difundía incesantemente sobre los electrones libres. La propagación de la luz se hacía en zigzag más que en línea recta. Como un gas que se distiende, la expansión diluyó y enfrió el contenido del universo. Cuando la temperatura bajó a aproximadamente 3.000 grados Kelvin, los electrones se pudieron asociar con los protones para formar los primeros átomos de hidrógeno neutro. El universo tenía entonces 380.000 años de edad, aproximadamente. En ese momento la luz pudo propagarse libremente, en línea recta, en un universo que se había vuelto transparente. Imaginando ese escenario, Gamow predijo que la radiación que predominaba en el momento en que el universo se volvía transparente continuaría llenándolo hoy. Sin embargo, la energía de esta radiación es hoy más débil que en sus comienzos, porque entonces el universo se dilataba, se diluía y se enfriaba. La radiación observada por Penzias y Wilson se interpretaba fácilmente en este marco, y este descubrimiento les valió el premio Nobel de física, porque reforzaba la coherencia de los modelos de universo en expansión. Emitida por un cuerpo caliente a aproximadamente 3.000 grados Kelvin, esta radiación primitiva hoy es perceptible bajo la forma de microondas cuya temperatura no vale más que 2,725 grados Kelvin. Casi tan antigua como nuestro Universo, se la llama "fondo difuso cosmológico" y nos da una imagen fósil de nuestro Universo en el momento de la formación de los átomos de hidrógeno neutro. La primera observación precisa del fondo difuso cosmológico fue realizada por el satélite COBE (*Cosmic Background Explorer*) en 1992, seguida por WMAP (*Wilkinson Microwave Anisotropy Probe*), en 2005, luego por el satélite europeo Planck en 2013. El espectro de esta radiación sigue casi a la perfección la de un cuerpo negro, con un desvío máximo del orden del 0,005%. Por definición, esto hace del fondo difuso cosmológico el cuerpo negro más perfecto que haya sido observado, pero también el mayor y, muy probablemente, uno de los más fríos.

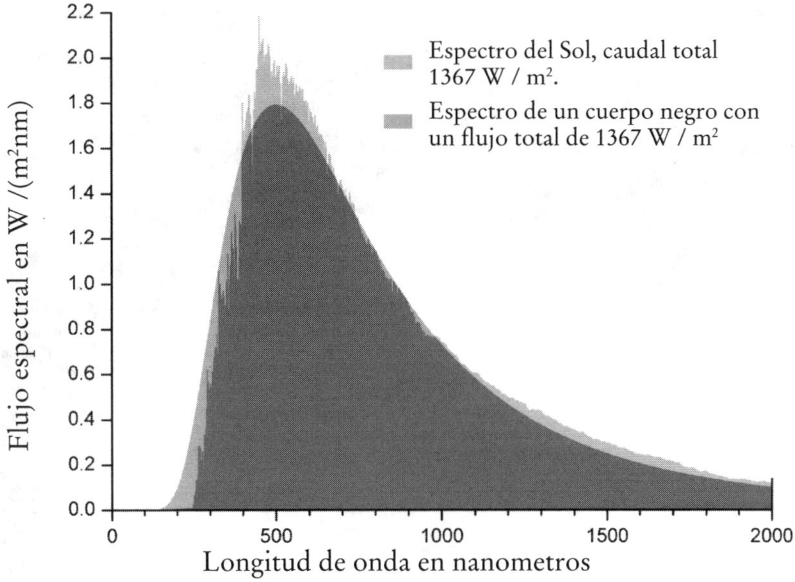

Figura 4: El espectro del Sol es bastante similar al de un cuerpo negro en 5770 Kelvins.

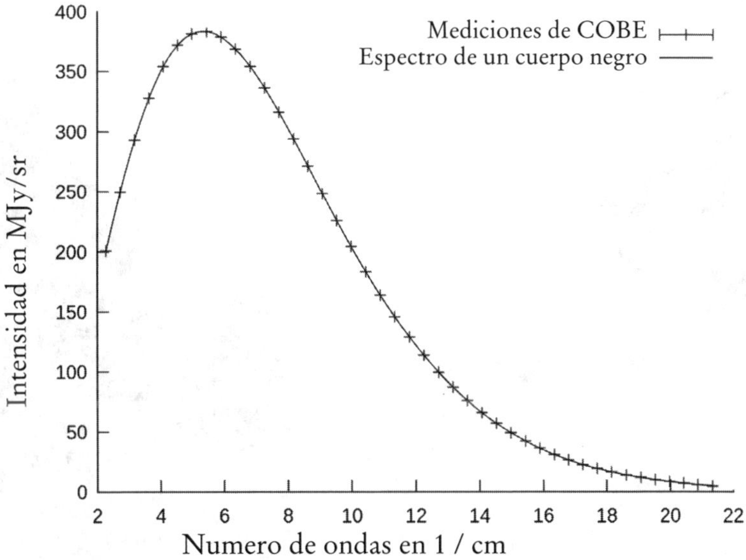

Figura 5: Espectro del fondo de microondas cósmico obtenido por el satélite COBE en 1992. Es casi exactamente el de un cuerpo negro cuya temperatura es de 2,725 grados Kelvin.

La radiación del cuerpo negro

No colors anymore
I want them to turn black.

The Rolling Stones,
"Paint it black"

En la expresión científica "cuerpo negro", el sentido del adjetivo "negro" no parece muy problemático: ¿no designaría simplemente la coloración de un objeto físico? De hecho, esta negrura no remite sino por analogía al color negro. El color de una cosa corresponde a la longitud de onda que su superficie refleja o propaga (puede depender también de la estructura microscópica del objeto), mientras que absorbe las restantes componentes de la luz. Un objeto blanco refleja el conjunto de las longitudes de onda de la luz visible, mientras que el negro las absorbe todas. Entonces, un cuerpo de color negro se calienta al sol más que un cuerpo de color blanco. Sin embargo hay una diferencia de escala entre ese comportamiento bastante conocido y el del cuerpo negro de los físicos. Si ese cuerpo es llamado "negro", es porque absorbe todas las frecuencias del espectro electromagnético, y no solamente las que corresponden a los colores del arcoíris: absorbe la totalidad del espectro incluidas las frecuencias imperceptibles al ojo tales como el ultravioleta, las microondas, etcétera. El cuerpo negro designa al absorbente perfecto. Su negrura ya no es superficial, un tinte que variaría según la iluminación, sino que es su propiedad esencial, su definición. A ésta hay que agregarle otra característica del cuerpo negro: para permanecer en equilibrio, debe devolver, bajo la forma de radiación, aquello que ha absorbido.

El cuerpo negro ya no pertenece al mundo empírico de las cosas coloreadas sino al mundo de las ideas de la teoría física: es un modelo para aproximar a nosotros el comportamiento de los objetos reales que siempre son un poco *grises*, es decir, que en general reflejan una parte de las ondas electromagnéticas recibidas. *El cuerpo negro es un ideal y su negrura es trascendente*. Los físicos anglófonos acuñaron un neologismo para designarlo sin equívocos: *blackbody*, un término que, al contraer adjetivo y sustantivo, los ha sustraído a la lengua común y corriente. Nuestra lengua[11] se presta menos a este artificio ("cuerponegro" [*corpsnoir*]) aunque siga siendo indispensable la ruptura semántica con el lenguaje ordinario. Para explorar el imaginario de esa negrura, no bastará con hacer correr metáforas visuales. Tampoco será necesario ceder a los juegos de palabras fáciles: el negro al que nos referimos no podría ser el negro de una epidermis. El psicoanálisis bachelardiano del conocimiento objetivo del cuerpo negro exige profundizar las imágenes que se derivan de las características físicas del cuerpo negro, es decir, antes que nada, de su capacidad de absorción total y de su radiación.

Como lo ha recordado Roland, una de las consumaciones más imperfectas de un cuerpo negro es un horno, es decir, un recinto perforado con un pequeño agujero que atrapa la luz. La expresión "está oscuro como dentro de un horno" ya está consignada en la primera edición del *Dictionnaire de l'Académie française* (1694). Designa la negrura de un horno de paredes cubiertas de hollín. Ahora bien, esto corresponde a una intuición bastante precisa del cuerpo negro. La consumación menos imperfecta de un cuerpo negro es el vacío de la apertura de un horno, aunque no deja de ser todavía una aproximación e incluso, en ciertos aspectos, una imagen engañosa porque ¿cómo entender, mediante la imagen del horno cuyas paredes están cubiertas de hollín, que *el Sol es un cuerpo negro*? La primera imagen se opone a la segunda como la ceniza ligera al magma espeso, como el sentido común al pensamiento científico. Sin embargo, el Sol absorbe bastante bien la totalidad de la radiación y la restituye bajo la forma de calor. No es negro sino que es un cuerpo negro. Éste es un ejemplo impactante de las distorsiones de la imagen desmembrada entre el sentido común y el pensamiento racional.

11. (N. de la T.) La lengua francesa.

Sin embargo, la expresión "negro como dentro de un horno"[12] muy pronto se convierte en sumamente pertinente (e incluso en perfectamente justa), cuando nos damos cuenta de que distinguimos todavía menos lo que hay dentro de un horno cuando está encendido y en un régimen de funcionamiento pleno (incandescente) que cuando está apagado (oscuro). No solamente su luminosidad es enceguecedora, sino que lo que se encuentra en el horno se comporta precisamente como un cuerpo negro, lo que significa que el interior del horno absorbe y rechaza la luz de modo integral, de modo tal que ahí dentro no se puede distinguir nada. Jean Perrin (1870-1942) lo explicaba así, en su libro visionario sobre los átomos (*Les Atomes*, 1913):

> "Entonces, si espiamos a través de una abertura, no podremos distinguir detalle alguno en el cubículo, y tendremos la impresión singular de un abismo luminoso que no deja que percibamos nada. Si contemplamos a través de una pequeña abertura, por ejemplo, un crisol incandescente que contiene un metal en fusión, es imposible que veamos el nivel del líquido. No sólo cuando está a baja temperatura ocurre que no podemos ver nada dentro de un horno" (*Les Atomes*, p. 151).

El cuerpo negro ya no es la hendidura oscura sino un abismo enceguecedor, un abismo luminoso. Pero en todos los casos se traga la luz. Se define por aquello que absorbe y por su negación a dejarse ver. Esta presencia abisal parece disolver la imagen de la materia, pero no está desprovista de materialidad, dado que ciertamente hace falta que haya alguna materia para que la luz sea absorbida. Pero es como si lo negro constituyera su propia materia. Bachelard observa que, de todos los colores, el negro es imaginariamente el más sustancial, el único que puede dar verdaderamente prueba de consistencia: "Todo color meditado por un poeta de las sustancias encuentra el negro como solidez sustancial, como negación sustancial de todo aquello que alcanza la luz"[13]. El negro representa el retiro de la sustancia en ella misma; al profundizar esa intuición, nos damos cuenta de que esa

12. (N. de la T.) *Noir comme dans un four* en el original.
13. *La Tierra y las ensoñaciones del reposo. Ensayo sobre las imágenes de la intimidad*, *op. cit.*, p. 35.

oscuridad está imaginariamente en el centro de todas las cosas, que simboliza su esencia oculta: la sustancia cerrada sobre ella misma.

La negrura secreta de los cuerpos

Sin embargo, la opacidad profunda de las cosas no significa su indiferencia a la luz. El cuerpo negro absorbe la luz. Se ve afectado por ese aporte de energía. Su temperatura aumenta. Entonces, debe irradiar para liberarse del exceso de energía, porque este exceso amenaza su equilibrio. Así, el cuerpo negro recibe toda la luz, luego alguna metamorfosis se produce en su fuero interno y entonces la restituye bajo la forma de radiación invisible. Es una suerte de espejo muy extraño que digiere y transforma lo que ha recibido antes de reenviarlo. Los demás colores no tienen esta potencia sombría. En el fondo, no son sino reflejos, cualidades superficiales, atavíos desprovistos de profundidad. Sus reflexiones parciales disimulan la actividad subyacente del negro perfecto. Bachelard subraya que esta intuición es muy antigua: ya la encontramos expresada por Anaxágoras: "La nieve compuesta de agua es negra a pesar de nuestros ojos". Se apoya sobre un placer de la imaginación, el de invertir un valor y hacerlo su contrario. Los hombres de la Edad Media amaban creer que el cisne, blanco en el exterior, era negro en su interior. Esta dialéctica fue compartida por gran cantidad de escritores que tuvieron la obsesión de descubrir la negrura íntima de las cosas disimulada bajo falsas apariencias coloreadas. La blancura de la leche sería la forma exacerbada de este engaño: "¡Cómo decir más acertadamente la negrura íntima, el pecado íntimo de una sustancia hipócritamente dulce y blanca! (...) El agua lechosa bajo la luna tiene la negrura íntima de la muerte, el agua balsámica tiene un regusto de tinta, la acritud de una bebida de suicidio"[14]. El temor de verse traicionado por colores evanescentes no es sino una tonalidad particular del imaginario de la negrura secreta. El cuerpo negro mantiene una relación más neutra, pero no menos paradójica, entre el ser y el parecer: se niega a manifestarse a través de los reflejos de la luz e irradia, sin embargo, toda su potencia alrededor de él.

---

14. Gastón Bachelard, *La Tierra y las ensoñaciones del reposo. Ensayo sobre las imágenes de la intimidad*, *op. cit.*, p. 37.

El rayo negro

Ciertos fenómenos alucinatorios, como las "visiones negras" de Henri Michaux (1899-1984), o algunos delirios oníricos expresan esta propensión de la negrura íntima de las cosas a irradiar. En su *Fenomenología de la percepción*, Maurice Merleau-Ponty (1908-1961) analizó esa intuición en un pasaje muy intrigante (porque no es en absoluto fenomenológico y no remite, en definitiva, a ninguna percepción real):

> "Digo que mi estilográfica es negra, y negra la veo bajo los rayos del sol. Pero este negro no es tanto la cualidad sensible del negro como un poder tenebroso que irradia el objeto, incluso cuando está recubierto de reflejos, y este negro no es visible más que en el sentido en que lo es la negritud moral. El color real se mantiene bajo las apariencias como el fondo se prosigue bajo la figura, pero en una presencia no sensorial".[15]

Según esta extraña descripción, en la cual la negrura trasciende la percepción, un cuerpo que sea verdaderamente negro se debe a sí mismo irradiar de modo oscuro. Para que un filósofo tan riguroso como Merleau-Ponty se deje arrastrar a una divagación semejante, es preciso que la imagen del "cuerpo negro radiante" sea muy poderosa, y que su "potencia tenebrosa" responda a una necesidad inconsciente profunda. Una fenomenología de la percepción confundida se convierte entonces en un análisis muy preciso del imaginario del cuerpo negro: porque *es* negro, su estilográfica negra escapa a los juegos de la luz e irradia negrura. La imaginación procede a la inversión de los roles entre la luz y las tinieblas: en nuestras peores pesadillas, ¿no es acaso la oscuridad la que irradia y disipa la luz? Este fantasma angustiante se ve magnificado en el ciclo de *L'Incal*, la formidable historieta guionada por Alejandro Jodorowsky (1929) y dibujada por Moebius (Jean Giraud, 1938-2012): ahí un "huevo de sombra" devora a las estrellas y propaga una extraña radiación negra y viscosa a través de las galaxias, una suerte de marea negra que amenaza hundir al universo en las tinieblas.

---

15. Maurice Merleau-Ponty, *Fenomenología de la percepción*, traducción de Jem Cabanes, Barcelona, Planeta-Agostini, 1993, p. 319.

La radiación del cuerpo negro no es entonces un enigma para el físico solamente. También lo es para el filósofo que busca comprender cómo una imagen tan contranatural puede elaborarse, amplificarse y poseer un espíritu al punto de oscurecerlo o espantarlo. ¿Tal vez sea un efecto análogo al "shock negro" que afecta a los sujetos que contemplan por primera vez las manchas de tinta china del test de Rorschach? La subjetividad se proyecta en ellas con una facilidad desconcertante y revela sus neurosis. El rayo negro imaginario inquieta por razones análogas: al invadir el espacio psíquico, obliga a la conciencia a contemplar las cosas informes que se agitan en el abismo del inconsciente. Bachelard subraya que un pintor que utiliza la dilatación íntima del negro es capaz, con una enorme economía de medios, de suscitar emociones vivas y profundas: "Así pues, una sola mancha negra, íntimamente compleja, en cuanto se sueña en sus profundidades basta para ponernos en situación de tinieblas"[16]. Esta seductora y misteriosa expresión conviene a nuestro propósito: un cuerpo negro que irradia nos hunde "en situación de tinieblas". Las imágenes negras que presentan tantos pintores y diseñadores (pensamos en Francisco de Goya, en Hugo, en Odilon Redon, en Franquin, etcétera) poseen, en efecto, una elasticidad espectacular, una capacidad prodigiosa para hacer surgir las figuras de un pasado reprimido y para dilatarse para hechizar nuestra alma. Este dinamismo las hace a la vez fascinantes y amenazantes. Extraen su fuerza de su arraigo en el seno de esos elementos imaginarios tan potentes y primitivos como son el fuego, el agua, el aire o la tierra; se despliegan a través de *las tinieblas*. El elemento tenebroso es una materia dinámica, una fuerza expansiva e inquieta: "Toda tiniebla es fluyente, por lo tanto toda tiniebla es material. Así son los sueños de la materia nocturna. Y para un auténtico soñador del interior de las sustancias, un rincón de sombra puede evocar todos los terrores de la vasta noche"[17]. En el caso del cuerpo negro, este dinamismo es preciso: las tinieblas interiores son a la vez *absorbentes* y *radiantes*. No se oponen a la luz

16. *La Tierra y las ensoñaciones del reposo. Ensayo sobre las imágenes de la intimidad*, *op. cit.*, p. 93.
17. Gastón Bachelard, *La Tierra y las ensoñaciones del reposo. Ensayo sobre las imágenes de la intimidad*, *op. cit.*, p. 93.

como lo hace la oscuridad ordinaria sino que terminan por apropiarse de su capacidad de irradiación.

Esta radiación no se propaga dentro del espacio físico sino dentro de un espacio *psíquico*. Desde entonces, la imagen del cuerpo negro no deja de ser caracterizada por su dialéctica con la luz exterior para convertirse en la fuente de un rayo negro que penetra la conciencia del interior. En una doble página a la vez irónica y metafísica, el llorado Gébé (Georges Blendeaux, 1929-2004) describía ese "rayo negro" que emite nuestra conciencia cuando se libera de los pensamientos contingentes. La caída de ese *gag* (que se encuentra en la historieta *Qu'est-ce que je fous là?*) era que el rayo negro del mayor genio de la humanidad casi había perforado el misterio del universo, pero había sido interceptado, en el último instante, por un conejo sobre el cual estaba escrito "$E=mc^2$". Einstein se conformaba con un pensamiento luminoso más que con profundizar más todavía su intuición ciega. ¿Quién tendría el coraje de hundirse todavía más en lo negro?

La evolución de la pintura de Pierre Soulages (1919) ilustra esta dinámica expansiva del negro radiante que exige el hundimiento de la conciencia. Desde 1954 se anuncia la invasión de la superficie de la tierra por la negrura. Sin embargo, el pintor parece haber querido resistirse a eso durante largo tiempo, especialmente a través de la técnica del raspado, que le saca a la negrura una parte de la superficie que ha conquistado dejando adivinar la huella de su pasaje. Parecía no poder decidirse a la dominación sin competencia del negro integral. Su inquietante radiación provocaba en él, sin dudas, una suerte de añoranza de la luz. Consideraba todavía al negro como una ausencia de luz que valía por contraste con los demás colores: "Es la ausencia de color más intensa, la más violenta, la que confiere una presencia intensa y violenta a los demás colores, incluso al blanco" (palabras de Pierre Soulages a Pierre Schneider en 1963). No fue sino en 1979 cuando realizó su primer monocromo negro. Pierre Encrevé (1939) explica que para lograrlo hacía falta que hubiera superado el punto de vista clásico que opone el negro a la luz: "Durante el tiempo que dure el contraste, la dinámica que opera en su pintura y que lleva a que el negro invada la tela, amenaza al mismo negro, puesto que éste no consuma su poder pictórico sino en su relación con la luz" (Pierre Encrevé, "Parce que", 2009). Para

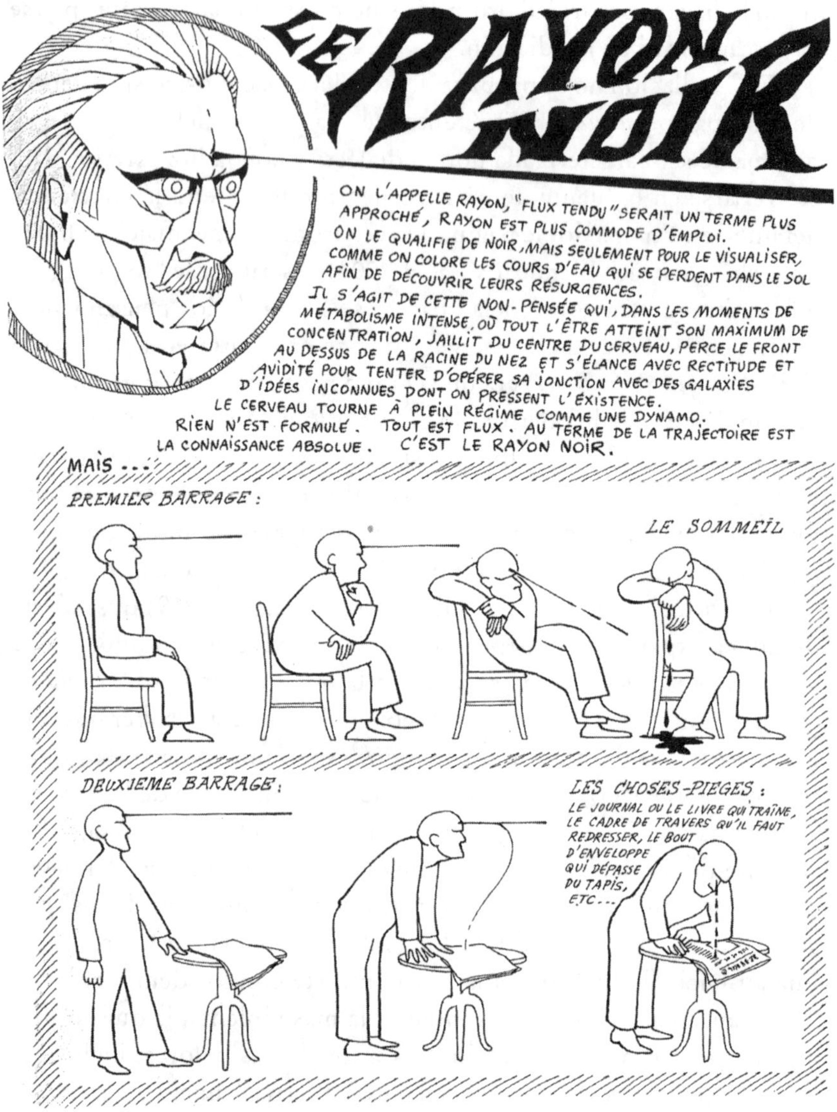

Figura 6: Gébé, "Le rayon noir" [El rayo negro]. *Qu'est-ce que je fous là?* París, Dargaud, 1983, p. 50-51.

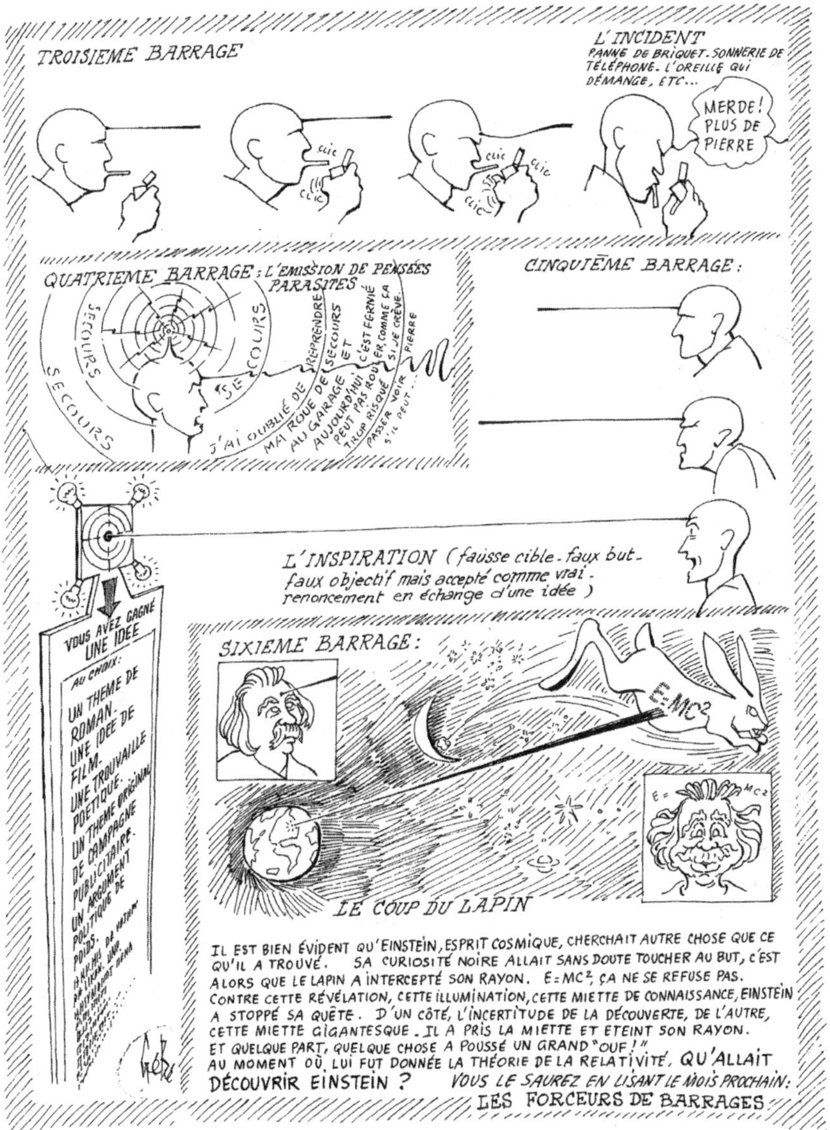

ciertos críticos, este cambio se relaciona con que finalmente habría admitido que el negro es un color y, sobre todo, que no hace escapar a la luz sino que la revela a través de sus texturas y brillanteces. Esta reflexión superficial no explica sin embargo la absorción definitiva del espacio de la tela por parte del negro. La radiación auténtica de los monocromos tiende a la trascendencia íntima del negro, que se revela cuando ha invadido toda la tela y convierte a las formas en indiferenciadas. Cuando el pintor ha dejado de tener miedo de perder ahí su personalidad, habrá logrado negros que ya no se dirigen a la conciencia perceptiva del espectador sino a los abismos oscuros de su inconsciente. Para convertirse al esplendor del negro integral, hace falta que la conciencia se abandone al elemento tenebroso y que comprenda que *así se anula en su diferencia respecto de aquello de lo cual es conciencia*. He aquí una fórmula lo bastante oscura como para una intuición filosófica ella misma muy sutil. No es más fácil de formular que lo que fue el *quantum* de acción para los físicos que estudian la radiación del cuerpo negro.

Conciencia oscura del inconsciente

En 1894, el año en el cual Max Planck hizo el perturbador descubrimiento de la discontinuidad de la radiación del cuerpo negro, Paul Valéry (1871-1945) escribió su *Introduction à la méthode de Léonard de Vinci*. En ese texto de juventud pretendía ponerse en el lugar del genial Leonardo da Vinci (1452-1519). Veinticinco años más tarde, agregó algunos comentarios menos presuntuosos pero igual de penetrantes. Su ambición inicial de perforar el secreto de la concepción de las obras de Leonardo fue suplantado por el deseo de dilucidar en qué consiste la conciencia impersonal que da sentido a sus obras. Estimaba que el enigma de la conciencia es precisamente el de ser un "cuerpo negro", porque la conciencia es aquello que absorbe todo pero no se puede revelar a su propia luz. Es intencionalidad, es decir, para retomar las palabras de Jean-Paul Sartre (1905-1980), "conciencia *de* algo": no tenemos contacto psíquico con las cosas sino a través de ella, pero ella se mantiene al mismo tiempo alejada de las cosas; entonces siempre es capaz de diferenciarse de aquello que ilumina sin poder iluminarse ella misma. La conciencia *de* sí coincidiría con ella misma al mismo tiempo que se diferencia de ella, lo cual es imposible. Hay como un "quantum de atención" que separa siempre la conciencia de aquello respecto de lo cual es conciencia. Hay una discontinuidad irreductible. Aunque la conciencia pueda liberarnos toda cosa salvo a ella misma: "Ya no es sino un cuerpo negro que todo lo absorbe y no devuelve nada"[18].

Para capturar la conciencia en ella misma, Valéry efectúa, en el transcurso de su meditación, una operación análoga a la que realiza el fenomenólogo Edmund Husserl (1859-1938) llamada époché, es decir, la suspensión de la actitud realista natural. Para la conciencia, esto consiste en dejar de fiarse de la existencia exterior de aquello de lo cual es conciencia para poder determinar en qué consiste ella misma. El fenomenólogo debuta, como en otros tiempos Descartes, revocando todos los contenidos *mundanos* acerca de los cuales puede tomar conciencia. Al despojarse de todo contenido, la conciencia descubre la estructura de su intencionalidad, es decir que no es ninguna otra cosa que la correlación entre un contenido de pensamiento (el "noema") y el hecho de tener un objeto en la mira (la "noesis"). Sin precaverse por ello, Valéry consuma una époché para develar la estructura de la intencionalidad. La conciencia no cuenta finalmente como existencia necesaria "sino a dos entidades esencialmente desconocidas: Sí y X"[19]. Descubre en el mismo movimiento la "desnudez" de su conciencia, interfaz frágil entre el mundo y su cuerpo. Y, desviando la atención de la conciencia hacia ella misma, hacia el cuerpo negro que es, constata que dejaba transparentar a través de ella las tinieblas corporales que la habitan:

> "Presencia que no se puede contemplar, condenada al espectáculo adverso, y que siente sin embargo que compone toda esa noche jadeante, invenciblemente orientada. Noche completa, noche demasiado ávida, noche secretamente organizada, completamente construida por organismos que se limitan y comprimen; noche compacta de tinieblas atiborradas de órganos que laten, que soplan, que se calientan, y que defienden, cada uno según su naturaleza, su emplazamiento y su función"[20].

18. Paul Valéry, *Introducción al método de Leonardo da Vinci,* traducción de Moira Bailey, Alicante, México, Verdehalago, 2006.
19. *Introduction à la méthode de Léonard da Vinci*, *op. cit.*
20. *Introduction à la méthode de Léonard da Vinci*, *op. cit.*

Dicho de otra manera, la conciencia que se enceguece no se aniquila. Entiende por qué no se encuentra ni fuera de ella misma ni en el interior de ella misma. Es porque es una *membrana*: al mismo tiempo que conciencia del mundo exterior, se convierte en conciencia de la presencia inconsciente de ese cuerpo que la hace existir. La conciencia de sí *valeriana* es menos idealista que la del fenomenólogo: toma conciencia de que es el punto de contacto de un cuerpo con el mundo. Acepta momentáneamente enceguecerse, perder la conciencia, disolver aquello a lo que apunta en lo negro indistinto y volver así a la indiferenciación tenebrosa y primordial con el cuerpo. En la vida de todos los días, es una experiencia infantil (y más tarde erótica) de la cual cada uno conserva el recuerdo: hundida en lo negro, nuestra conciencia deja de flotar encima de nuestro cuerpo, de ser etérea, para no ser ya sino la conciencia del cuerpo, de sus espantos y sus deseos. Puede ser que la intuición se remonte todavía más lejos, a la estancia en el vientre materno, al oscuro calor primordial.

Sea como fuere, el sentido profundo de la experiencia imaginaria de la radiación del cuerpo negro parece ser provocar una conciencia de sí que es paradójica: en lugar de olvidarse dentro de la conciencia de las cosas, se vuelve consciente de ella misma porque ya no diferencia nada y toma conciencia entonces de ser la emanación de un cuerpo antes que de ser conciencia de cualquier otra cosa. El "ultranegro" de Soulages se dirige al inconsciente del espectador que se detiene ante sus telas y se deja cautivar por su negrura. De su comunión con las tinieblas, del placer sensual de verse hundido en lo negro, del color experimentado gracias a su radiación, la conciencia extrae un nuevo equilibrio con las fuerzas oscuras que emanan de los trasfondos del inconsciente. Con sus *(Re)presentaciones* lúdicas y reflexivas, Jean-Claude Ferry y John Clyde Ferrow explotan justamente el hecho de que la pintura monocromática pone en presencia dos cuerpos negros, la tela y su espectador.

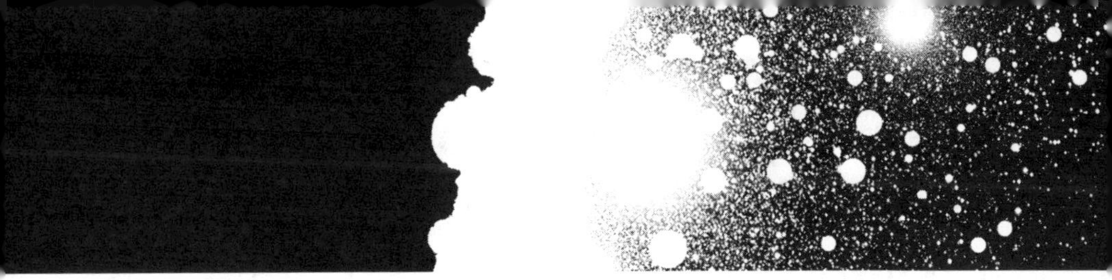

El agujero negro

> Los agujeros negros no son
> ni agujeros ni son negros,
> sino grises en los bordes.
>
> Michel Cassé,
> *Les trous noirs en pleine lumière.*

En 1783, el reverendo John Michell (1724-1793), físico y astrónomo británico, escribe una carta a la Royal Society. En ella propone la existencia de cuerpos de una masa de tal magnitud que incluso la luz no podría escapar de ellos. También imagina un principio de detección para descubrir semejantes astros: "Si ocurriera que algún otro cuerpo luminoso girara alrededor de ellos, de los movimientos de esos cuerpos giratorios podríamos quizás deducir, con algún grado de probabilidad, la existencia del cuerpo central (...)". Algunos años más tarde, en 1796, en *Exposition du système du monde*, Pierre Simon de Laplace (1749-1827) formula de modo independiente la misma conjetura: "Un astro luminoso de la misma densidad que la Tierra y cuyo diámetro fuera 250 veces más grande que el Sol, no permitiría, en virtud de su poder de atracción, que ninguno de sus rayos llegara hasta nosotros". Su idea tuvo tan poco éxito como la de su predecesor, porque en el ínterin las experiencias sobre interfaces luminosas de Thomas Young (1773-1829) y Augustin Fresnel (1788-1827) habían demostrado que la luz era una onda desprovista de masa y, en consecuencia, insensible a la gravedad. Sin embargo, el concepto de "astro ocluido", tal como se lo denominaba a fines del siglo XVIII, estaba llamado a tener una inmensa notoriedad en el siglo XX bajo el nombre de "agujero negro".

¿Qué es un agujero negro?

Todos sabemos que una bala lanzada hacia arriba termina por volver a caer al suelo luego de haber alcanzado una altitud máxima tanto más elevada cuanto más fuerte haya sido la fuerza con que se la lanzó. Ésta es una de las manifestaciones de la gravedad de la Tierra que atrae todo hacia su centro. La altura aumenta en función del cuadrado de la velocidad inicial: si se la lanza 2 veces más rápido, la bala irá 4 veces más alto. Si la bala es lanzada con la velocidad suficiente, más de 11,2 kilómetros por segundo (entonces a aproximadamente 40.000 km/h), nunca volverá a caer sobre la Tierra y escapará definitivamente de su gravedad. Los lanzadores de sondas interplanetarias deben alcanzar esta velocidad de liberación para que esas sondas puedan salir a visitar nuestro sistema Solar. La velocidad de liberación es directamente proporcional a la raíz cuadrada del cociente de la masa y del radio del planeta. Un planeta de masa 4 veces mayor o que fuera 4 veces más chico que la Tierra tendrá una velocidad de liberación 2 veces mayor. Como la luz viaja a aproximadamente 300.000 km por segundo, Laplace calculó cuál tenía que ser el radio de un astro tan denso como la Tierra para que la luz no pudiera escapar de él: 250 veces el radio del Sol. Evidentemente, la fórmula de Laplace no es válida sino en física clásica y para un proyectil material y, *a priori*, no se puede aplicar a la luz cuyos corpúsculos –los fotones– tienen una masa nula.

Hay que llevar a cabo un estudio riguroso de la influencia de la gravitación sobre la luz dentro del marco de la teoría de la relatividad general publicada por Albert Einstein en 1915. Esta teoría estipula que la fuerza de gravitación es, en realidad, la manifestación de la geometría del espacio-tiempo, impuesta a su vez por la distribución de materia y de energía; el espacio-tiempo está deformado, curvado por sus presencias. Una partícula en movimiento libre está obligada a desplazarse según las líneas que indican el trayecto más corto –las geodésicas– de la nueva geometría. Así, contrariamente a la teoría clásica, la luz, incluso si está desprovista de masa, es sensible a la gravitación, o más bien a la curvatura del espacio-tiempo. Su trayectoria entonces se ve desviada cuando se acerca a un cuerpo masivo. Este efecto fue verificado por vez primera por el astrónomo inglés Arthur Eddington (1882-1944) en ocasión de un eclipse total de Sol en 1919. La diferencia (que era minúscula) entre la posición de una estrella observada en una dirección cercana de la del Sol durante el eclipse y la posición de la misma estrella medida algún tiempo más tarde estaba totalmente de acuerdo con los cálculos de Einstein. Fue una confirmación impactante de su nueva teoría de la gravitación. Hoy sabemos que los instrumentos utilizados por Eddington eran demasiado imprecisos como para que dicha observación fuera realmente probatoria, pero más allá de este feliz azar, la experiencia fue reiterada muchas veces desde entonces y confirma sin ambigüedad las predicciones de Einstein.

Si la curvatura del espacio-tiempo afecta la luz, se vuelve posible, en el marco de la relatividad general, calcular en qué condición un astro no deja escapar la luz. La teoría de Einstein confirma la existencia de un radio debajo del cual la luz no se puede escapar de un astro y, contra todo lo que se espera, la fórmula obtenida es exactamente idéntica a la deducida por Laplace gracias a la teoría clásica. Este radio se llama radio de Schwarzschild en honor al físico alemán Karl Schwarzschild (1873-1916), que lo calculó en 1915, y es proporcional a la masa del objeto. Por ejemplo, para transformar el Sol en un agujero negro, ¡haría falta, según la fórmula de Schwarzschild, concentrar toda su masa dentro de un radio ridículamente pequeño de solamente 3 km!

La superficie esférica que delimita la región de la cual no pueden escapar ni la luz ni la materia se denomina el "horizonte" del agujero negro. Es una superficie geométrica sin realidad material que se denomina así por analogía con el horizonte terrestre que limita el alcance de la mirada. Si la posición del horizonte terrestre depende de la posición del observador, el horizonte del agujero negro es, en cambio, *absoluto*. Es una frontera del espacio-tiempo independiente de todo observador, y divide a los acontecimientos en dos categorías. Más allá de ese horizonte, es posible comunicar a distancias arbitrariamente grandes mediante señales luminosas; se trata del universo común y corriente dentro del cual evolucionamos. Pero dentro de ese horizonte, los rayos luminosos ya no son libres de viajar a cualquier punto porque están focalizados hacia el centro. La comunicación queda sometida a severas restricciones. Por ejemplo, la materia y la radiación pueden pasar del campo exterior al campo interior, pero no a la inversa. Incluso este hecho es la justificación del término "agujero negro" propuesto en 1967 por el teórico estadounidense John Archibald Wheeler (1911-2008) para lo que todavía no era sino una posibilidad teórica. Wheeler era un teórico de imaginación fecunda y de espíritu abierto a las especulaciones más audaces. Más allá del "agujero negro", popularizó numerosos conceptos extremadamente originales como los "modos múltiples", los "agujeros de gusanos", las "partículas que remontan el tiempo", o el paralelismo entre materia e información ("*it for bit*"). Estos conceptos a veces han continuado siendo visiones del espíritu, pero, para el agujero negro, la prueba de la existencia de ese monstruo teórico llegó en 1971: los astrofísicos detectaron a Cygnus X-1, un sistema binario cuyas características sugerían que se trataba de una pareja formada por un agujero negro y una estrella gigante. De ahí en adelante, se identificó una veintena de agujeros negros en nuestra Galaxia, entre los cuales el más imponente –su masa alcanza 4 millones de masas solares– está agazapado en el centro de la Vía Láctea. Como señala Vincent en el capítulo que sigue, la presencia de un agujero negro en el corazón de nuestra Galaxia tiene impacto en nuestra imaginación, pero no tiene nada de maléfico: por el contrario, participa en su estabilidad y contribuye a su evolución. Su presencia fue demostrada en 2002 a través de la observación de las órbitas de las estrellas cercanas al centro de nuestra Galaxia. En 2022, el proyecto *Event Horizon Telescope* pretende tomar imágenes de las cercanías del horizonte de dicho agujero negro central combinando los datos de los radiotelescopios distribuidos en toda la superficie de la Tierra. ¡Las observaciones demostraron también que el centro de ciertas galaxias activas, como Messier 87, alberga un agujero negro supermasivo que alegremente podría superar los mil millones de masas solares!

Si los agujeros negros parecen existir, y esto sin lugar a dudas, haría falta exhibir un mecanismo para dar cuenta directamente de su formación. Los agujeros negros estelares –cuya masa al menos es de algunas masas solares– nacen luego del colapso gravitacional del núcleo de una estrella masiva (aproximadamente 10 masas solares y más). En efecto, cuando la estrella alcanza la fase de combustión termonuclear de silicio, la masa de su núcleo de hierro aumenta hasta convertirse en inestable. El núcleo entonces se desploma sobre sí mismo y produce una estrella de neutrones mientras que el envoltorio de la estrella se ve barrido por una explosión titánica que se denomina “supernova”. En 1939, el físico estadounidense Robert Oppenheimer (1904-1967) demostró que si la masa de la estrella de neutrones supera 3 masas solares (el límite de Landau-Oppenheimer-Volkoff), la gravitación propia del astro predomina definitivamente sobre todas las demás interacciones y entonces se forma un agujero negro. De ahí en adelante los agujeros negros formarán parte del bestiario cósmico, incluso si los astrofísicos, durante largo tiempo, debieron conformarse, en términos de observación, con detectar solamente los efectos indirectos de su presencia. La situación cambió en octubre de 2015 con la primera detección de ondas gravitacionales gracias a la experiencia estadounidense LIGO. Los físicos vieron en las vibraciones registradas la prueba de un ruido de importantes dimensiones. A 1,3 mil millones de años luz, dos agujeros negros, de masa 36 y 29 veces superior al sol, respectivamente se espiralizaban alrededor de su centro de gravedad común al ritmo de 250 vueltas por segundo para terminar fusionándose y formando un único y enorme agujero negro de 62 masas solares. La diferencia de 3 masas solares fue irradiada bajo la forma de ondas gravitacionales.

Sobre el filo de la navaja

¿El agujero negro es verdaderamente el ogro cósmico que habitualmente se describe? ¡Ciertamente no! A una distancia del agujero negro muy superior a su radio de Schwarzschild, el espacio-tiempo no se diferencia del de un astro *normal* de masa equivalente. Así, transformar a nuestro Sol en un agujero negro no cambiaría nada del movimiento de los planetas, e imaginar un agujero negro como una suerte de aspiradora cósmica que se traga todo a su paso es cuanto menos exagerado. Solo se manifiestan las distorsiones espaciotemporales características del agujero negro en las cercanías de su horizonte.

¿Qué sentiríamos en las cercanías del horizonte de un agujero negro? Que nos estiran extraña e intensamente desde la cabeza y desde los pies. Al tener nuestro cuerpo una cierta extensión espacial, sus diferentes partes exploran regiones de curvaturas diferentes interpretadas como diferencias del campo de gravedad. Padecemos también esta fuerza de marea en la superficie de la Tierra, en donde podemos observar con facilidad su consecuencia más espectacular: el flujo y reflujo de los océanos debido a los efectos conjugados de la Luna y del Sol. En física clásica, la intensidad de la fuerza de gravedad depende de la distancia entre los cuerpos. Así, las regiones de la Tierra cercanas a la Luna se ven más atraídas por ésta que las situadas en las antípodas. En el sistema de referencias de la Tierra, lo que resulta de ello es una deformación muy sensible en las masas oceánicas fluidas. Nuestros pies, más cerca del centro de la Tierra que nuestra cabeza, se ven entonces más atraídos por ésta, y esto se traduce, según nuestro punto de vista, mediante un estiramiento cuya intensidad en la superficie de la Tierra es completamente imperceptible (inferior a la millonésima parte del propio peso). Cuando estamos cerca del horizonte de un agujero negro, la diferencia entre la gravedad que siente la propia cabeza y la que sienten los pies es mucho más sensible. Para un agujero negro de 10 masas solares, sufriríamos la misma tracción que si, colgados de una barra de hierro, toda la población de la región parisina se aferrara a nuestros tobillos. Curiosamente, este efecto es tanto más fuerte cuanto más débil es la masa del agujero negro. Esta aparente paradoja tiene una explicación muy simple: la intensidad de la fuerza de la marea es proporcional a la densidad del astro que la engendra. Como el radio del agujero negro es proporcional a su masa, su densidad (proporcional al cociente de la masa dividida por el cubo del radio) disminuye como la inversa del cuadrado de su masa. Así, un agujero negro de un millón de masas solares engendra una fuerza de marea 10 mil millones de veces inferior a la de un agujero negro de 10 masas solares. En consecuencia, el entorno inmediato de un agujero negro supermasivo se convierte en más frecuentable: sin duda es la gran masa del agujero negro Gargantúa el que permite al héroe de la película *Interstellar* penetrar en el interior.

Otro efecto de las distorsiones espaciotemporales generadas por la presencia del agujero negro es que, si se envían señales cronometradas hacia un observador lejano, a éste le parecerá que el intervalo entre ellas es cada vez mayor. El observador tendrá la impresión, entonces, de que el reloj que está cerca del agujero negro va más lento en relación con el suyo. El aumento de los intervalos del reloj se traduce también en una disminución de la frecuencia de la luz emitida: aparecerá más roja que en su emisión.

¿Pero qué pasaría, ahora, si decidiéramos franquear el horizonte y enviar a nuestro colega las imágenes de nuestra proeza? Para nosotros no pasaría nada especial en el transcurso de esta travesía: la frontera del agujero negro no tiene nada de mágico. ¡En cambio, nuestro amigo, que está afuera, nunca nos verá cruzar el horizonte! A medida que nos acerquemos al horizonte la película que emitimos parecerá transcurrir más lentamente, porque la duración que separa la recepción de dos imágenes consecutivas es cada vez más grande. La dilatación del tiempo será tal que las imágenes se sucederán, prácticamente idénticas entre sí, mostrándonos eternamente fijos en la posición que teníamos en el momento de atravesar el horizonte. Lo que es más, a causa del corrimiento al rojo de la luz y de la disminución de su intensidad, las imágenes recibidas muy pronto se convertirán en demasiado débiles como para ser capturadas. Para el espectador lejano, toda la parte del viaje que tiene lugar en el interior del agujero negro se perderá. La imagen transmitida justo en el momento de cruzar el horizonte se recibirá solamente al término de un tiempo infinito y ninguna de las imágenes siguientes podrá franquear nunca el horizonte del agujero negro.

En las entrañas del monstruo

En el centro del agujero negro hay una región en la cual la curvatura del espacio-tiempo tiende al infinito porque toda la masa converge en ese lugar. La descripción de dicha "singularidad" es un verdadero rompecabezas teórico todavía no resuelto, porque debe tener en cuenta los efectos cuánticos no incluidos en la relatividad general. Sin embargo, como esta singularidad no podría influir en el espacio-tiempo exterior al horizonte, nuestra incapacidad para describirla correctamente no cuestiona el aspecto del agujero negro considerado desde nuestro lado del horizonte. Hay precisamente una "zona oscura" desde el punto de vista teórico en el centro del agujero negro.

Exploremos al menos la región que rodea la singularidad. Ésta es, por así decirlo, un movimiento: no está solamente en movimiento sino que impone el movimiento de todo lo que se encuentra allí, puesto que su geometría se desmorona hacia el centro. Consecuencia: es imposible permanecer inmóvil en el interior de un agujero negro. Las únicas trayectorias permitidas apuntan ineluctablemente al centro del astro –para calificar el interior de un agujero negro, se habla de un mundo o de un espacio-tiempo "al revés". En el espacio-tiempo habitual podemos desplazarnos en cualquier dirección espacial. En cambio, en lo que atañe al tiempo, éste se desliza inexorablemente desde el pasado hacia el futuro: es una coordenada directriz. En el interior de un agujero negro, los roles están invertidos: lo que se vuelve coordenada directriz es la distancia al centro del agujero negro. El espacio se convierte en "inexorable" en lugar del tiempo en la medida en la que toda materia se ve condenada a ver disminuir su distancia con el centro. Esta situación recuerda el *incipit* de la excelente novela de ciencia ficción de Christopher Priest (1943), *Le Monde inverti*: "Había alcanzado la edad de mil kilómetros". ¡Pero atención: el cambio de estatuto de la coordenada temporal en el interior del agujero negro no permite sin embargo ir hacia atrás en el tiempo y violar la causalidad! De hecho, la coordenada tiempo ya no representa un tiempo físico. El único tiempo que conserva un sentido en un entorno semejante es el tiempo propio, aquel medido por el reloj en caída libre con uno mismo hacia el centro del agujero negro. Y, dentro del agujero negro, ese tiempo propio sólo depende de la coordenada de distancia, aumentando cuando ésta disminuye. Entonces, como en el exterior, el tiempo propio de un viaje en caída libre continúa escurriéndose hacia el futuro. No obstante, es una diferencia notable que este futuro tenga un final programado: la singularidad situada en el centro del agujero negro más allá de la cual *ya no hay futuro*. Un intervalo de tiempo propio finito se desliza entre el momento en que se franquea el horizonte y el momento en el cual el viajero es incorporado a la singularidad central. Esta tregua es tanto más larga cuanto más masivo es el agujero negro. Para un agujero negro de 10 masas solares, es de una diezmillonésima parte de segundo, pero para un agujero negro supermasivo, como los que se encuentran en el centro de las galaxias, la exploración puede durar una hora.

Un agujero no tan negro como eso...

En los años 1970, el físico inglés Stephen Hawking (1942-2018) estableció un resultado fundamental e inesperado a propósito de los agujeros negros. Aplicándoles las leyes de la física cuántica, ¡demostró que un agujero negro puede irradiar luz, e incluso materia! Este resultado era contradictorio en apariencia con la definición misma de agujero negro. Para entender la razón de esta radiación sorprendente, primero es preciso recordar que en la física cuántica contemporánea las nociones de ondas y de partículas desaparecen. Son reemplazadas por campos, conceptos físico-matemáticos capaces de describir todos los estados posibles de la materia, cualquiera sea el número de partículas en juego y sus energías. En ese marco teórico, el vacío ya no queda definido como lo que queda cuando uno ha retirado todo sino como el estado de los campos cuya energía es mínima (pero no necesariamente nula). Por otra parte, el reposo absoluto no existe en el mundo microscópico y la energía de un sistema fluctúa ahí en permanencia. En el caso del vacío, esas fluctuaciones se manifiestan a través de la aparición fugitiva de partículas llamadas "virtuales" que pueden emerger del vacío a condición de volver a hundirse en él muy rápidamente. En el caso de lo infinitamente pequeño, es posible, por así decirlo, tomar prestada una cantidad de energía cualquiera –y entonces violar la ley de conservación de la masa-energía– a condición de reembolsar esa energía lo bastante rápido. Aunque inobservables directamente, esas partículas virtuales fugaces pueden interactuar con las partículas reales y, por ejemplo, modificar su carga eléctrica aparente.

Si la conservación de la energía se ve vulnerada temporariamente, la conservación de la carga eléctrica se mantiene: las partículas virtuales aparecen siempre en pares partícula-antipartícula. Esto es pertinente para nuestro tema cuando el par virtual se materializa en las cercanías inmediatas del horizonte de un agujero negro. Una de las partículas puede caer dentro del agujero negro mientras que la otra se escapa al infinito. Desde el punto de vista de un observador lejano, parece que se trata entonces de una materialización espontánea de una partícula a partir de la nada. Ciertamente las partículas emitidas (esencialmente fotones, electrones y antielectrones –positrones–, neutrinos y antineutrinos) no tienen todas la misma energía. ¡Hawking demostró que la distribución en energía de los fotones tiene una forma idéntica a la de la luz irradiada por un cuerpo negro! Pudo atribuir así al agujero negro una magnitud análoga a la temperatura del cuerpo negro y mostrar que es inversamente proporcional a la masa de éste. En la práctica, un agujero negro de algunas masas solares tiene una temperatura que se cifra en una mil millonésima de grado Kelvin, pero un minúsculo agujero negro de mil millones de toneladas tiene una radiación de temperatura del orden de los 100 mil millones de Kelvin. Lo hemos dicho: desde el punto de vista exterior es como si hubiera sido creada masa-energía de la nada. En realidad, la masa-energía irradiada proviene de la conversión de un parte de la masa del agujero negro. Éste debe disminuir entonces en masa y en tamaño a medida que irradia: los astrofísicos dicen que "se evapora". Se trata de un proceso divergente, porque la temperatura aumenta cuando la masa disminuye, la potencia irradiada aumenta también sin descanso acelerando, en contrapartida, la disminución de la masa del agujero negro. Finalmente, cuando la potencia irradiada se hace demasiado grande, se dice que el agujero negro "explota".

Algunos físicos imaginaron que se podía utilizar la radiación de micro-agujeros negros como fuente de energía. Bastaría con atrapar dicha energía poniéndola en órbita, por ejemplo, e impedir la divergencia compensando su pérdida de masa mediante una acreción continua de materia. Se demuestra que el rendimiento energético de un agujero negro de Schwarzschild es, en el mejor de los casos, de 5,7%, y sube a 42% para un agujero negro en rotación rápida, en ambos casos bastante mejor que el 0,7% obtenido por fusión termonuclear. En su novela *Les Chroniques de McAndrew*, el autor de ciencia ficción Charles Sheffield (1935-2002), pone justamente en escena a un físico que fabrica el primer navío interestelar propulsado gracias a la fabulosa energía de un agujero negro.

Remolino cósmico

Como los planetas y las estrellas, los agujeros negros pueden estar en rotación. Sin embargo, la situación difiere porque un agujero negro en rotación no se comporta como un trompo girando en un espacio exterior inmóvil. El agujero negro arrastra al espacio-tiempo alrededor de él en una suerte de irresistible movimiento en remolino. ¿Qué observaría un navío que maniobrara en sus cercanías?

Para entenderlo, sigamos la analogía con el remolino que podemos observar cuando vaciamos una bañadera. En esa situación, el agua sigue un movimiento espiralado que se descompone en un movimiento circular alrededor del desagüe, y un movimiento radial, de caída hacia el desagüe mismo. Imaginemos ahora un barco que maniobrara cerca del remolino de vaciado de un lago-bañadera. Ese barco está dotado de un motor que le permite alcanzar una velocidad máxima de 20 km/h. Lejos del remolino, ahí donde el agua todavía está lo bastante calma, es evidente que el piloto puede navegar a su voluntad porque, gracias al motor, puede compensar el movimiento lento de arrastre del agua. Entonces el piloto puede mantener su embarcación fija en relación con la orilla sin tener que arrojar el ancla; puede acercarse o alejarse del remolino o incluso navegar en sentido contrario al sentido de la corriente. Al aproximarse al centro del remolino, termina por alcanzar una región en la cual la velocidad circular de la corriente es igual a la velocidad máxima del barco. Más allá de esa distancia crítica, el barco ya no tiene la capacidad de conservar una posición fija, ni siquiera si hace funcionar su motor en un régimen pleno y en sentido contrario al remolino. Se ve irresistiblemente arrastrado en el sentido de rotación de este último. Sus posibilidades de maniobrar se ven reducidas y las direcciones posibles de navegación ya no son cualesquiera: el barco no puede sino dirigirse hacia adelante, hacia el interior de un sector que es tanto más estrecho cuanto más rápido es el remolino. El piloto puede salir hábilmente de esa situación preocupante a toda máquina y orientando convenientemente su trayectoria según una espiral saliente, es decir, orientando su barco de modo tal de alejarse siempre del centro. Si el barco se aventura más cerca del centro del remolino, hay también un momento en el cual la velocidad radial de la corriente alcanza a su vez 20 km/h, la velocidad límite del barco. Ahí comienzan los verdaderos incordios: las posibilidades de navegación se ven tan reducidas que el barco no tiene otra opción más que ser arrastrado por el ojo del remolino...

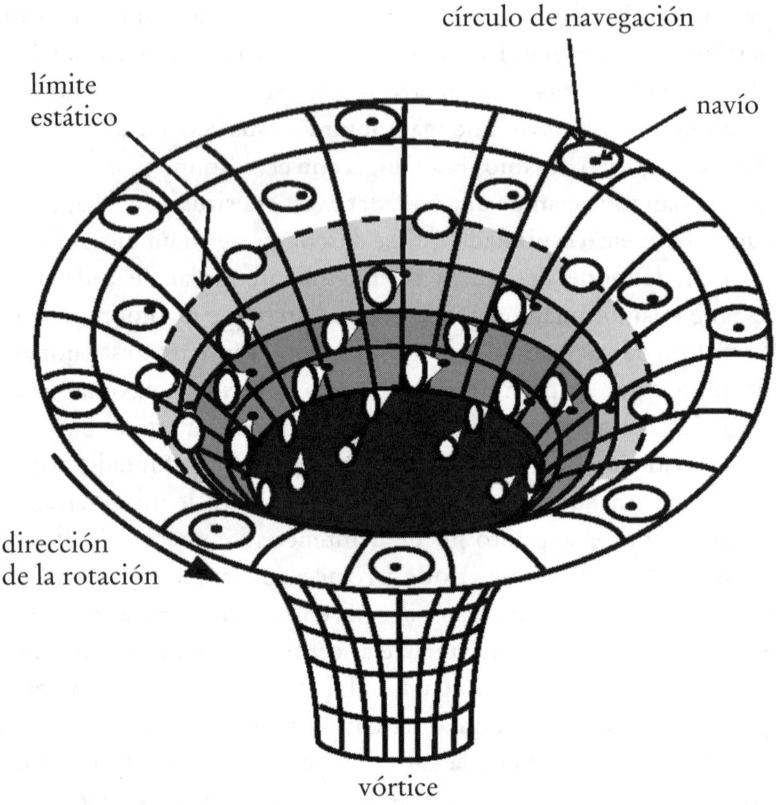

Figura 7: Movimiento de un navío alrededor de un agujero negro en rotación: al cabo de un segundo, necesariamente desemboca en el círculo de navegación, cualquiera sea la dirección y la velocidad elegida. Crédito: Jean-Pierre Luminet.

En las inmediaciones de un agujero negro en rotación, la situación es análoga. Un navío que se aproximara sufriría también el tironeo del espacio tiempo que impone la ronda del agujero negro. Este movimiento se convierte en inexorable en el interior de una superficie llamada "límite estático". En dicha región, ¡el navío espacial ya no puede seguir permaneciendo fijo en relación con las estrellas lejanas incluso si su velocidad puede alcanzar la de la luz! Al acercarse más todavía al agujero negro, volvemos a encontrar el horizonte del cual hablábamos en un comienzo, la verdadera frontera del agujero negro, el límite a partir del cual ya nada puede escapar. El horizonte de un agujero negro en rotación está contenido por completo en el interior de su límite estático. Para un agujero negro en rotación, en el límite estático el tiempo aparentemente "se congela" y la radiación emitida se recibe con un corrimiento al rojo infinito. Pero es en el horizonte de estos acontecimientos donde son atrapadas definitivamente materia y radiación. La región del espacio-tiempo situada entre el límite estático y el horizonte se denomina ergosfera (del griego *ergos*, que significa "trabajo"), porque sus propiedades permiten extraer de allí energía.

El físico inglés Roger Penrose (1931) imaginó el siguiente e ingenioso mecanismo: en una posición alejada del límite estático de un agujero negro, lanzamos un proyectil en dirección de la ergosfera. Este proyectil es concebido de manera tal que pueda dividirse en dos fragmentos en un momento que ha fijado el operador. Si la trayectoria inicial se elige con cuidado, uno de los fragmentos será definitivamente capturado por el agujero negro mientras que el otro volverá a salir de la ergosfera y podrá ser recuperado. Penrose demostró que el proyectil podía ser lanzado de modo tal que la energía del fragmento devuelto sea superior a la del proyectil inicial. Esto impone al fragmento capturado caer sobre el agujero negro según una órbita giratoria en sentido contrario al de su rotación. ¿De dónde proviene la energía recuperada por el fragmento que se escapa? ¡Del agujero negro! Para él, el resultado neto de la operación es un aumento de su masa y una disminución de su energía de rotación. El agujero negro en rotación representa entonces el papel de un gigantesco *stock* de energía en el cual sería posible abrevar si uno fuera lo suficientemente hábil...

Se habrá comprendido: las sorprendentes propiedades del agujero negro constituyen naturalmente uno de los temas utilizados con mayor frecuencia por los autores de ciencia ficción. Estos astros fascinantes, capaces de trastornar el espacio tiempo en sus cercanías, se emplean con frecuencia como si fueran "puertas" hacia otros universos, ¡como si el nuestro no fuera ya lo bastante grande! Así, en la serie de televisión *Babylon 5*, el viaje espacial se hace pasando por agujeros negros creados artificialmente. En la película *Ilión y Olympo*, el autor Dan Simmons (1948) da a los Moravecs la capacidad de desplazarse en el Sistema Solar gracias a puentes entre agujeros negros. Volvemos a encontrar ideas similares en *Pórtico* de Frederick Pohl (1919-2013) y en *Contacto*, la novela de Carl Sagan (1934-1996) adaptada al cine en 1997. El agujero negro entonces ha viajado mucho: el concepto ha pasado de la especulación quimérica al estado de realidad astronómica antes de que sus propiedades extraordinarias constituyan un motivo central de la ciencia ficción.

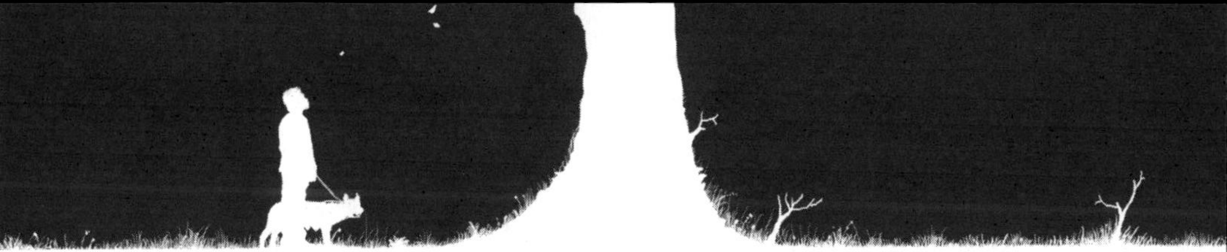

La gravedad del agujero negro

Ahí, podremos darnos
largos baños de tinieblas...

CHARLES BAUDELAIRE,
Anywhere out of the world

Como explicó Roland, un "agujero negro" es un astro tan denso y con tanta masa que los rayos luminosos no pueden escapar de él. El cielo nocturno purifica el color negro de sus lazos terrestres; la negrura del cuerpo negro trasciende el espectro de los colores; con el agujero negro se ha franqueado otro oscuro cabo: el negro adquiere una tremenda gravedad. No solamente ninguna luz puede disipar esa negrura sino que no puede sobrevivirla. El adjetivo "negro" sufre tal intensificación que no se conforma ya con oponerse a la luz sino que la amenaza. Ya no señala un escamoteo de la luz sino el hecho de que el agujero negro la *devora*... Como escribe Pascal Quignard, "el apetito gravitacional de un agujero negro rivaliza con la velocidad de la luz"[21]. En el marco de la relatividad general, esto significa que la masa del agujero negro curva el espacio-tiempo en un pozo sin fondo: todo puede caer en él y nada volver a salir. Es la implosión suprema. Porque colapsa sobre sí mismo, este astro es llamado "agujero". Porque aspira materia y luz, es llamado "negro". La carga metafórica de los dos términos, sin embargo, deja que desear.

¿No es acaso paradójico llamar "agujero" a la concentración más fuerte de materia que existe en el universo? Un agujero, habitualmente, es

21. *Critique du jugement*, París, Galilée, 2015, p. 92.

un vacío, no algo que rebasa. En cuanto a la negrura, Roland nos recordaba que no era tan absoluta: los agujeros negros son todos un poco *grises* en los bordes... Sin embargo, nuestra ensoñación debe comenzar por explorar las connotaciones del adjetivo "negro" inspirándose en las determinaciones ideales del agujero negro más que a partir de sus lindantes reales. En teoría, el negro del agujero negro es tan intenso que aspira los rayos luminosos y nunca más los deja salir. Su negrura, transpuesta al imaginario, está provista de una dinámica totalmente opuesta a aquella expansiva del cuerpo negro. El agujero negro, por su gravedad insuperable, concentra todo el espacio-tiempo en un punto singular, prohibiendo toda comunicación con el exterior. Se convierte en un símbolo del aniquilamiento.

Una depresión cósmica

Para capturar las implicaciones imaginarias de esta irresistible atracción oscura, hay que elevarse al nivel de una conciencia ya no humana sino verdaderamente cósmica: los agujeros negros resultan de la muerte de las estrellas de mayor masa. En tanto que singularidad del espacio-tiempo, el agujero negro nos muestra un traumatismo a escala del universo. Hay en su negrura algo que afecta la estructura e incluso el ritmo mismo del universo, que hiere aquello que los neoplatónicos llamaban "Alma del mundo". Este traumatismo implica un trabajo de duelo eterno: los agujeros negros simbolizan la captura irreversible de la luz que se creía incapturable, libre por esencia, inmortal. En la existencia del universo, se producen acontecimientos irreversibles, catástrofes irremontables. Imaginamos con frecuencia a los agujeros negros como sifones que aspiran todo aquello que los rodea, como si todo el universo estuviera destinado a ser reabsorbido. Sin embargo, fuera de su horizonte (más allá del cual ninguna comunicación con el exterior es posible) no curvan el espacio de modo diferente a como lo hacen otras masas. El destino ineluctable del agujero negro no amenaza sino a los seres de luz y de materia que se arriesgan imprudentemente a franquear un horizonte fatal: la intensidad de los efectos de la marea los estirará desmesuradamente antes de amalgamarlos en su masa a una densidad monstruosa. El agujero negro no busca perdernos sino que reina solitario y autista. Aquellos que se mantienen más allá de la "superficie estática" continúan su existencia habitual, pero aquellos que se acercan, incluso si resisten su atracción, tendrán la impresión de gravitar de ahí en adelante sobre una órbita amenazada por el desmoronamiento. Y sabrán que no pueden hacer nada por aquellos que se han dejado atrapar.

El agujero negro es así el símbolo más poderoso de la *depresión*: nada puede aliviar esa aflicción, porque todo lo que se acerca demasiado es aspirado definitivamente. La estructura del espacio y del tiempo parece sustraerse para aquellos que se dejan arrastrar hacia él. Ya no tienen fuerza para moverse ni levantarse. El universo se oscurece cuando el cuerpo colapsa sobre sí mismo en una caída inmóvil. La gravedad de ese negro es aterradora y absolutamente sin parangón: hay algo espantoso en pensar que en el centro de nuestra Galaxia anida una presencia tan monstruosamente oscura, ávida y pesada.

Las tinieblas sepultadas en el centro del cuerpo negro resistían a la luz, pero no eran siniestras, incluso escondían un cierto calor. Con el agujero negro, la negrura adquiere una connotación negativa y adquiere una dinámica de concentración inquietante. Bachelard ha insistido a propósito de la imaginación aérea en la oposición entre la ensoñación ascensional y liberadora y la caída vertiginosa en las negras profundidades de la culpa. La oscuridad es aquello que nos aspira en el abismo, aquello que nos espera en el fondo del abismo. Toda caída onírica que llega a su término se consuma en el corazón de las tinieblas: "Parecería que el *negro de abismo* lo borrara todo y que finalmente la caída tuviera sólo un color: el negro"[22]. La ensoñación erudita que se apodera de nosotros cuando evocamos un agujero negro gravita infaltablemente en el universo semántico de ese "negro del abismo" al cual nada parece poder resistirse. Y aquel que cede a la fascinación que ejerce ese color está prometido a un destino funesto. Bachelard termina su evocación de la noche subterránea con estas palabras que suenan de manera lúgubre: "es un espacio-tiempo del abismo-caída. Líneas después, en una caída ocurrida, el poeta hallará el *negro*. Entonces quedan inseparablemente unidos 'el negro y el

22. Gastón Bachelard, *La tierra y los ensueños de la voluntad*, traducción de Beatriz Murillo Rosas, México, FCE, 1991, p. 443.

vacío'. La caída ha terminado. Comienza la Muerte"[23]. ¡Extraordinaria fórmula "comienza la Muerte"! Corresponde perfectamente a aquella de los astrofísicos que no es menos evocadora: "franquear el horizonte de los acontecimientos". Ya no hay vuelta atrás, no hay sino la atracción inexorable del astro negro. Una fascinación por la ineluctable aniquilación que tantos poetas han magnificado.

El astro de la melancolía

Para precisar el matiz de un negro tan aterrador, pensamos en el "sol negro" que atormenta a la poesía y los grabados románticos. Nadie lo describió mejor que Victor Hugo:

> "Ahí todo flota y se va en un naufragio oscuro
> en ese abismo sin borde, sin tragaluz, sin muro,
> la ceniza de todo aquello que vivió llueve sin descanso;
> Y se ve en lo recóndito, cuando el ojo se atreve a bajar,
> Más allá de la vida, del soplo y del ruido,
> ¡Un espantoso sol negro de donde irradia la noche!"
>
> (Victor Hugo, Les Contemplations, VI. 26,
> "Ce que dit la bouche d'ombre")

Cada verso parece ilustrar de antemano el viaje sumamente peligroso al cual nos había invitado Roland: desde el momento en que nos acercamos demasiado al astro de las tinieblas, se produce el naufragio; una vez atrapados, es imposible aferrarse a nada; todo es arrastrado hacia ese centro oscuro donde se encuentra el sol negro que arruina todas nuestras esperanzas.

El astro funesto ya se percibía en el admirable grabado de Alberto Durero (1471-1528) *Melancolía I* (1514). Representa una mujer hermosa con alas de ángel, rodeada de símbolos de poder, de riqueza y de saber, y sin embargo indiferente a ellos, absorbida como está en algún pensamiento mórbido. Su expresión, más pensativa que triste. A su lado, un perro bosteza, un angelote se aburre. Pero en el cielo nocturno, un

23. Gastón Bachelard, *La tierra y los ensueños de la voluntad, op. cit.*, p. 446.

pequeño demonio vuela y triunfa desplegando la bandera de la melancolía bajo un astro que parece *atraer hacia él a todos los rayos de luz*, más que irradiarla. La dinámica de la concentración es ciertamente dominante: como el espíritu se concentra en una reflexión sombría, así la luz se fija en un astro que es negro.

También Gérard de Nerval (1808-1855) anticipó lo que plantearía la astrofísica cuando atribuyó a la muerte de una estrella, precisamente, el nacimiento de ese astro oscuro que colma de duelo su poesía: "Mi sola Estrella ha muerto. Mi laúd constelado/ Va ostentando el sol negro de la melancolía"[24]. Sus pensamientos tristes terminarán por empujarlo al suicidio. En nuestros días, la hermosa y perturbadora historieta *Black Hole* de Charles Burns (1955) reaviva ese mito de la fatalidad romántica: un extraño mal provoca horribles mutaciones en los adolescentes púberes. El agujero negro simboliza el mal de vivir de una generación, la obsesión de una sexualidad de riesgo y la fascinación por la muerte que sienten las personas jóvenes que no se sienten bien en su pellejo. Sin dudas el agujero negro es la prueba suprema de la individuación en el sentido de Carl Gustav Jung (1875-1961), es decir, la toma de conciencia de que es posible el fracaso, probable y quizás ineluctable.

Así, el mito romántico de la melancolía descansa sobre la idea de que la personalidad de los creadores conjuga el genio inspirado con una morosidad tanto más implacable cuanto que nace de una mirada lúcida sobre la condición humana. La idea no es para nada nueva. Desde que la medicina hipocrática describió el temperamento *atrabiliario*, es decir, que resulta del exceso de *bilis negra*, como el del humor grave y serio, los filósofos y médicos no dejaron de especular sobre los lazos secretos que se supone que unen el genio con la melancolía. El pequeño tratado *Problema XXX*, que durante mucho tiempo se atribuyó a Aristóteles, insiste en el gran número de epilépticos –se suponía que el gran mal era causado por el exceso de bilis negra– entre los hombres de genio. Más cerca de nosotros, Isaac Newton, cuya ley de gravitación universal hace concebible la existencia de un "astro ocluido" del cual incluso la luz no podría escapar (clásica prefiguración del agujero negro relativista), ¿no era acaso él mismo epiléptico?

---

24. Gérard de Nerval, "El Desdichado", 1854.

Evidentemente, no se trata sino de pamplinas y supersticiones: ni John Michell, ni Pierre Simon de Laplace, inventores de la oclusión, ni Einstein, a quien debemos la teoría de la relatividad general, ni Karl Schwarzschild (cuyo patronímico significa "escudo negro"), que conjeturó la existencia del agujero negro relativista, ni John Wheeler, que bautizó, finalmente, a esta singularidad con el inquietante nombre de "agujero negro", estaban sujetos a semejantes crisis de epilepsia. Una ensoñación erudita no puede fantasear de esta manera sobre la influencia de los astros sobre el humor de los genios. En cambio, no ahuyentamos con facilidad del imaginario colectivo la intuición confusa de que una inteligencia demasiado grande conduce inexorablemente a descubrimientos terribles. La leyenda negra nos atrae. Posee una seducción a la cual es difícil resistir: puesto que el imbécil es feliz, ¿el sabio y el erudito no deben acaso sentirse inclinados a la melancolía? Sus pensamientos son tan graves que necesariamente deben hacerlos rumiar lo negro una y otra vez.

Así es como llegamos a sospechar espontáneamente que los seres que estimamos más brillantes disimulan todos ellos una tristeza insondable. Ahora bien, un agujero negro se detecta indirectamente, como si fuera una locura sombría que se disimulara en los entornos de la inteligencia fría. Para adivinar su existencia, hace falta observar la rotación, sin él inexplicable, de otros astros alrededor de una aparente nada, como observamos en algunos individuos gestos meticulosos que se repiten sin razón manifiesta. Cuando radiaciones lejanas transmiten una imagen deformada luego de haber pasado por una zona del espacio aparentemente vacía, cuando un razonamiento que de entrada parecía riguroso deforma la realidad al punto de hacerla irreconocible, adivinamos la existencia de una depresión gigantesca que modifica la percepción del espacio y del tiempo. ¿No es horrible que las blancas galaxias centelleen alrededor de abismos semejantes? ¿No es desesperante pensar que ciertas estrellas amadas, por haber brillado tanto, terminen por desmoronarse sobre ellas mismas y por apresar la luz que se suponía que daban al cosmos? La desesperanza borra hasta el recuerdo de que existe un mundo fuera de nosotros.

Si fuera ese abismo en el cual un gran espíritu se hunde infinitamente para no volver a salir nunca jamás, el agujero negro sería el símbolo fúnebre entre todos los símbolos. Sin embargo es reductor asumir el agujero negro como la metáfora magnificada de la mera depresión. Porque, recordémoslo una vez más, una gran y hermosa imagen, una imagen verdadera, dotada de un dinamismo psíquico auténtico, siempre es ambivalente.

La brillantez del agujero negro

Así es como, en su excelente historia del color negro (*Noir. Histoire d'une couleur*, 2008), Michel Pastoreau (1947) recuerda que en un origen existieron dos adjetivos diferenciados para designar el color negro en las lenguas indoeuropeas. Los latinos distinguían *ater*, el negro mate y apagado, que es sucio y feo, y que dio origen, en francés, al adjetivo "*atroce*" [atroz] así como al sufijo "*-âtre*" (que connota peyorativamente todo color ensombrecido: "*bleuâtre*" [azulado], "*verdâtre*" [verdoso], etcétera), y *niger*, el negro hermoso y brillante de donde proviene todo el vocabulario de la negritud (lo que sugiere que este color de la piel fue envidiado por su belleza antes de ser *denigrado* por los prejuicios racistas). La lengua madre de las lenguas anglosajonas poseía también dos adjetivos: *swarz*, para designar al negro mate, apagado y malo, y que se conservó en alemán *schwarz*, y *black* para el negro brillante, luminoso y bueno, que permaneció en el inglés *black*. Esta distinción por el brillo nos recuerda que, a ojos de los pueblos antiguos, el grado de luminosidad era un criterio más pertinente que el de la coloración para distinguir visualmente a los objetos. Muestra sobre todo que desde siempre la simbólica del negro estuvo polarizada y fue ambivalente.

En lo que concierne a la mirada imaginaria del agujero negro, esto significa que no está condenado a encarnar solamente el valor negativo del duelo de la luz. El agujero negro parece un astro de muerte en tanto que lo concibamos como opaco e inerte; se vuelve más excitante, e incluso a veces más positivo, desde el momento en que lo imaginamos brillante y activo. Invocaremos la imagen de un agujero negro girando sobre sí mismo con su disco iluminándose a medida de su acreción, con estrellas cercanas que se resisten a su formidable gravedad por obra y gracia de la inercia, incluso con toda una galaxia haciendo una ronda a su alrededor. Es un agujero negro que garantiza la cohesión de nuestra Galaxia, un corazón negro que mantiene el enjambre de estrellas. Podríamos evocar también los "cabellos" y la "evaporación" de los agujeros negros, esa radiación análoga a la de los cuerpos negros que conjeturaba Stephen Hawking, para suavizar la negrura como grisura y volver a encontrar la energía (a través de las fluctuaciones del vacío bajo la forma de pares virtuales partícula-antipartícula). Pero más allá de los conceptos astrofísicos serios, aventurémonos en el seno de la exuberancia de la ciencia ficción, de la cual Roland es un gran *amateur*, para descubrir el valor eminentemente positivo de la negrura de estos astros.

En *Les Chroniques de McAndrew*, un importante autor de esa variedad de ciencia ficción que llamamos *hard science*, Charles Sheffield, imagina lo que ocurriría si la humanidad llegara a dominar la fuente de energía casi inagotable que representa la rotación de agujeros negros minúsculos. Ve allí la fuente de energía idónea para propulsarse en el espacio. El negro brillante y giratorio se convierte en el medio de liberar a la humanidad de su planeta de origen, de su sistema solar y luego de su galaxia.

Un paso más lejos en el imaginario, y el agujero negro se puede convertir en el medio para evadirse del mundo, de ir "a cualquier lado, no importa dónde, fuera del mundo", como soñaba Charles Baudelaire (1821-1867). La imagen del agujero negro brillante derriba el imaginario del encarcelamiento: la gravedad del agujero negro, que desgarra la trama del espacio y del tiempo, se vuelve la oportunidad de las mayores evasiones imaginarias. En la película *Le Trou noir*, de 1979, un navío espacial se ve atraído por un agujero negro. En lugar de que, como sucedería, se vea dislocado y reducido al estado de plasma, la astronave es proyectada a través del espacio y el tiempo; el agujero negro se ha convertido en una suerte de portal cósmico destellante. La idea fue retomada en la película *Contact* (1997), y todavía más recientemente en *Interstellar* (2014). Ahí donde podríamos ver el signo de cierta indigencia de la información científica de los guionistas, incluso un simple juego de palabras en torno del "agujero" como "pasaje secreto", se trata de hecho de ciencia ficción de inspiración más bien *hard*, o al menos bastante cercana a las especulaciones de ciertos teóricos de la física.

En 1935, Einstein y Nathan Rose (1909-1995) descubrieron que las ecuaciones de la relatividad general permitían soluciones conectando una región del espacio-tiempo con otra. A estas singularidades se las llamó "puentes de Einstein-Rosen". En los años de 1960, Wheeler las llamó "agujeros de gusano", por analogía con los túneles que cavan las lombrices en el suelo. Se trata de atajos espacio-temporales entre, por un lado, un agujero negro que absorbe la materia y la luz y, por el otro, una "fuente blanca" desde la cual lo que fue absorbido volvería a brotar. Wheeler estableció así su inestabilidad. En 1988, Kip Thorne (1940) y Mike Morris demostraron que era teóricamente posible estabilizar los agujeros de gusanos a condición de que una parte de la materia implicada tuviera una masa negativa. ¿Un agujero de gusano sería atravesable? La materia de masa negativa no existe, hasta donde sabemos, en ningún lugar del universo (y jamás se han observado tampoco fuentes blancas). Sin embargo, para la imaginación (incluida la de los astrofísicos) siempre hay un placer psíquico en contrarrestar una imagen intensa por medio de la imagen simétrica: el agujero negro implica la fuente blanca como el calabozo convoca el pasaje secreto.

Es la razón por la cual el agujero negro no es sino un astro grave y atrayente del cual no nos podemos liberar. También esconde una forma de exuberancia cuando incita a la imaginación a transgredir los límites y a evadirse del mundo tal como es. La depresión es la línea de la pendiente de las imágenes demasiado perezosas. Una imaginación inventiva, incluso genial como la de los grandes físicos teóricos o los mejores autores de *hard science*, encuentra allí, por el contrario, un estímulo para liberarse de las restricciones del espacio y del tiempo.

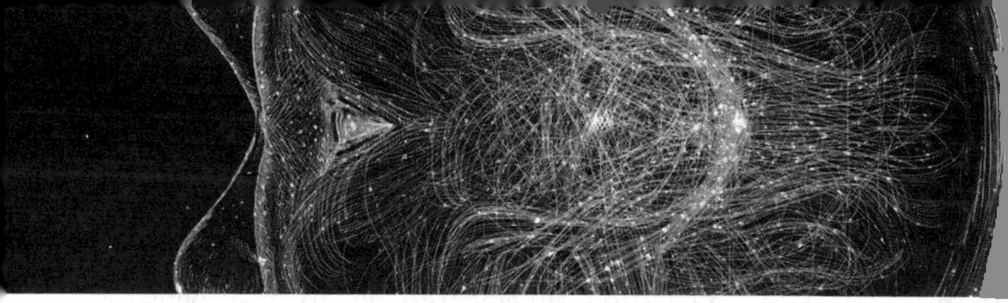

Materia oscura

Cuando los misterios
son demasiado taimados,
Se ocultan en la luz.

JEAN GIONO,
Ennemonde et autres caractères

Una vez ocurrió que un astro fue descubierto no por la observación directa de su luz sino por cálculo. Así, en 1844, el astrónomo alemán Friedrich Bessel (1784-1846) atribuyó las anomalías del movimiento de la estrella Sirio a la presencia de un compañero invisible; dieciocho años más tarde, la calidad de las lentes astronómicas había progresado lo suficiente y se pudo descubrir a una estrella junto a Sirio que era una enana blanca. En 1846, los astrónomos Urbain Le Verrier (1811-1877) y John Adams (1819-1892) atribuyeron las anomalías del movimiento del planeta Urano –que parecía no respetar en lo más mínimo la gravitación de Newton– a un planeta todavía desconocido; el astrónomo Johann Galle (1812-1910), siguiendo las indicaciones de Le Verrier, observó un planeta –que finalmente fue bautizado Neptuno– a menos de un grado de la posición calculada. En 1932, el astrónomo neerlandés Jan Oort (1900-1992) intentó determinar el campo gravitacional galáctico en las cercanías del Sol estudiando la distribución de las velocidades de las estrellas cercanas: concluyó que éstas no contribuyen sino a medias con la cantidad de materia necesaria para explicar sus movimientos. Paralelamente, el astrónomo suizo-estadounidense Fritz Zwicky (1898-1974) estudió la distribución de las velocidades de las galaxias en el gran cúmulo de la constelación boreal Coma Berenices (La cabellera de Berenice). En 1933 demostró que la masa necesaria para explicar las velocidades medidas era diez veces mayor que la de las galaxias del cúmulo. Había nacido el enigma de la “masa faltante”. La cuestión, sin embargo, quedó en suspenso durante cerca de cincuenta años. Volvió a un primer plano en razón de la acumulación de datos que sugería que una fracción importante de la masa del universo es poco luminosa, o no es nada luminosa, y escapa entonces a la observación directa. Lo que es más: dicha materia oscura parece manifestarse en diversas escalas de magnitud: localmente, a escala de las galaxias enteras, pero también a escala de los cúmulos de galaxias y, finalmente, a escala del universo observable en su conjunto.

Materia oscura local

Una galaxia en espiral como la nuestra –la Vía Láctea– contiene cerca de 200 mil millones de estrellas reunidas en un disco abultado en el centro que tiene aproximadamente 100.000 años luz de diámetro por mil años luz de espesor (un año luz es la distancia que recorre en un año la luz a una velocidad de 300.000 km por segundo; equivale aproximadamente a 9.460 miles de millones de kilómetros). Entre las estrellas hay también gas más o menos denso y caliente que constituye el medio interestelar a partir del cual se forman estrellas nuevas. La dinámica de este disco de estrellas y de gas resulta de un equilibrio entre la fuerza centrífuga debida a la rotación de la galaxia y la gravedad propia del disco de materia. La órbita de la mayor parte de las estrellas puede descomponerse aproximadamente en un movimiento de rotación en el plano del disco y una oscilación perpendicular a ese plano. Esta oscilación es sensible a la densidad local de materia cuya atracción gravitacional actúa como una fuerza de retracción similar a la de un resorte. El método de Oort se basaba justamente en el análisis de las oscilaciones perpendiculares al plano del disco. Deducía de ello el campo gravitacional del disco y entonces su distribución de masa: bastaba luego compararla con lo que se obtenía a partir del inventario local de las estrellas. Para explicar los movimientos locales, Oort creía necesario invocar una densidad de materia dos veces superior a aquello que observaba. Hoy, la cuestión de la materia negra del disco galáctico parece regulada gracias a las observaciones astrométricas del satélite *Hipparcos*. Éste ha suministrado una muestra no sesgada, más precisa y más completa, de aproximadamente 120.000 estrellas de las cuales Oort no disponía. Finalmente, la densidad dinámica del disco concuerda bien con la densidad estelar observada y parece que ya no hubiera necesidad de materia oscura en el disco. El satélite astronómico *Gaia*, lanzado en diciembre de 2013, lleva adelante un estudio similar pero sobre una muestra de estrellas 8.000 veces más importantes que *Hipparcos*. En cambio, la comprensión de la dinámica estelar se sigue planteando todavía a escala de una galaxia entera, bastante más extendida que su mero disco de estrellas.

Materia oscura en las galaxias

La astrónoma estadounidense Vera Rubin (1928) fue la primera en estudiar la rotación de las galaxias espirales gracias a la espectroscopía. La observación del efecto Doppler de la luz de las estrellas del disco permite medir su velocidad de rotación en función de la distancia respecto del centro de la galaxia. Este método no permite ir más allá del borde luminoso situado a algunas decenas de miles de años luz del centro. Pero la observación en frecuencias de radio de las nubes de hidrógeno neutro permite avanzar dos veces más lejos. La medida de la velocidad de rotación en función de la distancia al centro de la galaxia permite deducir el campo de gravedad del conjunto del disco, y entonces su distribución de masa. Entonces podemos comparar ese resultado con una determinación basada en la luminosidad de las estrellas. Al disminuir esta luminosidad exponencialmente con la distancia al centro, lo esencial de la masa debía situarse en las regiones cercanas al centro. Si la hipótesis fuera correcta, la velocidad de rotación debería aumentar primero al alejarse del centro galáctico para luego disminuir rápidamente cuando se alcanza mayor distancia. Ahora bien, las observaciones realizadas son muy diferentes: la velocidad de rotación del disco comienza por aumentar cuando uno se aleja del centro, ciertamente, pero no disminuye luego y se mantiene aproximadamente constante. Esto sugiere que hay una importante cantidad de materia que se encuentra en las regiones de luminosidad débil o nula, y por fuera del disco. Hay estudios sistemáticos que abarcan miles de galaxias que demuestran que esa anomalía es universal: explicar la dinámica de casi todas las galaxias espirales requiere un excedente de materia "oscura", es decir, de materia de hecho invisible. Un modo de dar cuenta de dicha anomalía es invocar la presencia de un halo masivo y burdamente esférico que se extendería de diez a veinte veces más lejos que el disco de estrellas. Ahora bien, para sondear el potencial gravitatorio a mayor distancia, hay que recurrir a observaciones de objetos más alejados, como los conglomerados globulares o las galaxias satélites, como las dos Nubes de Magallanes en el caso de la Vía Láctea. El halo de nuestra galaxia parece extenderse hasta varios cientos de miles de años luz, una fracción apreciable de la distancia que la separa de nuestra vecina más cercana, la galaxia de Andrómeda, que también tiene su propio halo masivo. Si fuera así, ¿qué pasaría entonces en un cúmulo que reuniera centenares, incluso miles de galaxias en un radio de un orden de algunas decenas de millones de años luz?

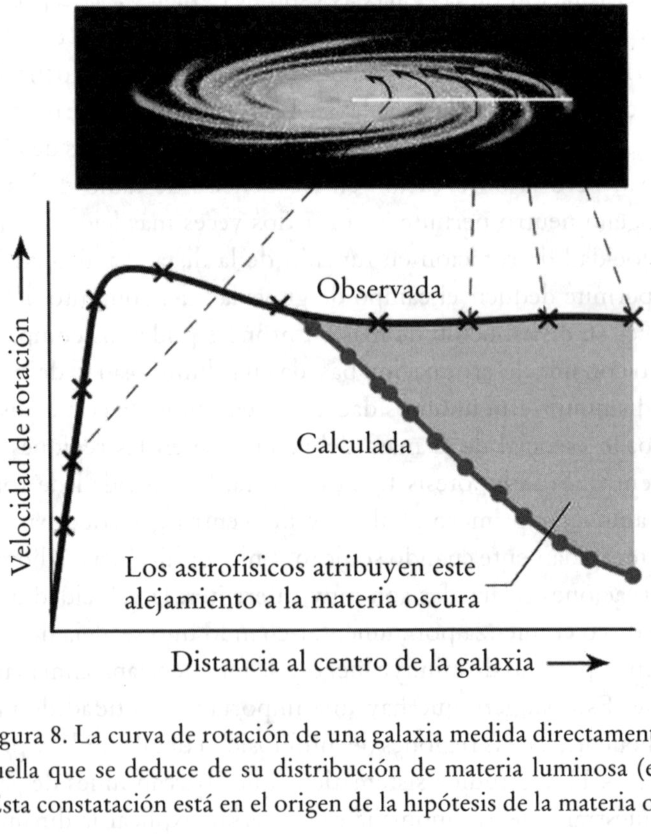

Figura 8. La curva de rotación de una galaxia medida directamente difiere de aquella que se deduce de su distribución de materia luminosa (estrella y gas). Esta constatación está en el origen de la hipótesis de la materia oscura.

Materia oscura en los cúmulos de galaxias

Las sospechas de la existencia de materia oscura en los cúmulos de galaxias se remontan a Fritz Zwicky, que había observado una anomalía dinámica en el cúmulo de Coma. La anomalía desaparecía si se tenía en cuenta una materia negra invisible en cantidad superior a la de la materia luminosa. Para su demostración inicial, Zwicky se apoyó en un resultado de la mecánica clásica, el teorema del virial. Este teorema estipula que, en un sistema autogravitatorio en equilibrio dinámico, la energía potencial, en valor absoluto, es equivalente al doble de la energía cinética. El teorema permite estimar la masa de un cúmulo en función de dos cantidades que se pueden medir: la velocidad media de las galaxias que lo componen, determinada por espectroscopía, y el tamaño del cúmulo. Hoy está confirmado que la masa necesaria para unir a los grandes cúmulos es muy superior a la suma de las masas que se puede atribuir individualmente a las galaxias, incluso teniendo en cuenta la materia oscura deducida del estudio de las curvas de rotación.

El método del virial, sin embargo, sigue siendo incierto. Primero, hay que estar seguro de contar correctamente las galaxias del cúmulo, evitando contar galaxias que le son exteriores y olvidando las galaxias de luminosidad muy débil. Luego, el cúmulo no está obligatoriamente en equilibrio dinámico –condición de aplicación del teorema del virial– ya que el tiempo que tarda en llegar al equilibrio puede superar la edad del universo. Finalmente, nuestra visión del cúmulo está sesgada porque todas las distancias y las velocidades están medidas en una proyección sobre la línea de alcance de la mira. Sin embargo, los resultados obtenidos se ven confirmados por las observaciones realizadas en base a rayos X de los cúmulos que se pudieron hacer gracias a satélites dedicados a ello, como ROSAT (acrónimo del alemán *Röntgensatellit*), XMM-Newton (acrónimo de *X-ray Multi-Mirror*) y *Chandra* (cuyo nombre honra la memoria del premio Nobel de *fís*ica Sunrahmanyan Chandrasekhar, 1910-1955). La fuerte emisión de los cúmulos en esa gama luminosa proviene de un gas muy caliente (a más de un millón de grados) en el cual están inmersas las galaxias del cúmulo. El análisis de la emisión X del gas intergaláctico permite determinar simultáneamente las masas totales del cúmulo y del gas.

El conjunto de esas informaciones indica que las estrellas no representan sino entre 2 y 4 % de la masa total exigida por la dinámica del cúmulo, y que el gas caliente no representa sino de 12 a 16 %. Esto significa que falta entre 80 y 86 % de la masa necesaria para explicar la dinámica del cúmulo. Los resultados fueron confirmados por un método más reciente basado en el análisis de las distorsiones gravitacionales de la luz de las galaxias situadas más allá de los cúmulos.

Espejismos cósmicos

A partir de 1986 hubo muchas imágenes de cúmulos de galaxias que nos dejaron ver galaxias deformadas. Las más espectaculares muestran arcos luminosos inmensos, que se interpretan como las imágenes deformadas de galaxias situadas detrás del cúmulo. Aquí se trataría del efecto de "espejismo gravitacional" predicho por la relatividad general de Einstein. Como ya hemos visto, esta teoría describe el espacio-tiempo como una trama elástica deformada por la presencia de materia. La luz se desplaza siguiendo las líneas que señalan el camino más corto (las geodésicas) del espacio-tiempo curvo. La trayectoria de la luz se ve desviada entonces por la presencia de materia. Haciendo una analogía con el desvío que producen ciertas pequeñas lentes de vidrio en los rayos luminosos, las masas desempeñarían entonces el rol de "pequeñas lentes gravitacionales".

La interpretación de los arcos luminosos observados en término de espejismos gravitacionales fue confirmada por el análisis espectral de las imágenes distorsionadas. En efecto, la luz de un objeto lejano sufre un corrimiento hacia el rojo debido a la expansión del universo. Siempre muy superiores a los corrimientos del cúmulo que provocaba la perturbación, los corrimientos hacia el rojo de las fuentes deformadas las situaban claramente detrás del cúmulo. Más frecuentes que los arcos, los *pequeños arcos* [*arclets*] son imágenes minúsculas de galaxias que están en el último plano y están ligeramente torsionadas por el campo del cúmulo. La distribución, la orientación y la intensidad de esas distorsiones permiten reconstituir con notable precisión (pero también con algunas ambigüedades) la distribución de la masa del cúmulo que es responsable de ellas. Todos estos estudios convergen hacia las masas elevadas confirmando de modo totalmente independiente los resultados obtenidos por el estudio de las distribuciones de las velocidades y por la emisión de radiación X.

Materia oscura a escala del universo

El método de los espejismos gravitacionales puede ser extendido al conjunto del cielo. Al ser la luz de las galaxias lejanas desviada por la materia presente entre ellas y la Tierra, las imágenes que recibimos, muy levemente deformadas, permiten reconstituir la distribución de masa a escala del Universo. En 1996, el astrofísico francés Yannick Mellier (1958) emprendió junto con su equipo la tarea de medir la cantidad de materia oscura en todo el universo, erigiendo un mapa de su distribución entre los cúmulos de galaxias. Este procedimiento fue aplicado desde el inicio de 2012 por el grupo dirigido por la astrónoma escocesa Catherine Heymans, de la Universidad de Edimburgo, y el astrónomo francés Ludovic Van Waerbeke, de la Universidad de Columbia Británica. El grupo logró cartografiar la materia oscura en el cosmos en una extensión sin precedentes. Para captar la materia oscura, se estudiaron las distorsiones de la luz emitida por algo así como 10 millones de galaxias muy alejadas en cuatro regiones diferentes del cielo. La misión espacial *Euclid*, que lleva adelante en la actualidad la Agencia Espacial Europea, tiene como finalidad principal medir la distribución de la materia oscura en el universo y el modo en el cual esta distribución ha evolucionado desde el *Big bang*.

El estudio de la radiación difusa cosmológica que baña el conjunto del universo permite determinar también su composición global. Recordemos que esta radiación fósil es observable bajo la forma de una radiación de cuerpo negro a una temperatura homogénea de 2,75 grados Kelvin. Pero hay ínfimas in-homogeneidades de temperatura que traicionan la existencia de in-homogeneidades de densidad en la materia primordial, gérmenes de las futuras galaxias. En el marco del modelo est*á*ndar de la cosmología, el estudio estadístico de estas in-homogeneidades permite estimar la densidad de materia y de energía en el Universo. El resultado es sorprendente: no solamente la densidad de materia supera en un factor 5 la densidad de materia común y corriente (26,8 % contra 4,9 %) sino que la densidad total está dominada por una componente de energía no detectada hasta ese momento (68,3 % contra 31,7 % para la materia, ver el capítulo siguiente sobre la energía oscura).

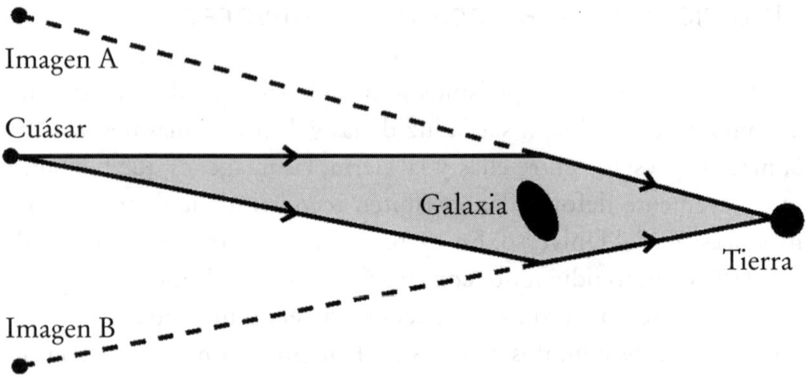

Figura 9. Efecto de pequeña lente gravitacional. La masa de una galaxia desvía la luz de un cuásar lejano. Un observador terrestre ve imágenes múltiples y desordenadas.

Nucleosíntesis primordial

Otro argumento aboga en favor de la existencia de una materia desconocida. Si nos remontamos al pasado, bastante antes de la emisión del fondo difuso cosmológico, vemos que el universo conoció una fase en el cual su temperatura alcanzó 10 mil millones de grados. La agitación térmica era entonces tan intensa que la fuerte interacción nuclear era incapaz de asegurar la estabilidad de los núcleos. El fluido cósmico estaba constituido entonces por una mezcla de nucleones (protones y neutrones) en el medio de los cuales abundaban los electrones, fotones y neutrinos. Los neutrinos jugaban un rol importante: absorbidos y emitidos sin cesar por los nucleones, transforman los protones en neutrones, y viceversa, manteniendo un equilibrio entre ellos.

Con ayuda de la expansión del universo, la temperatura bajó y llegó un momento en el cual los neutrinos no pudieron ya interactuar con los nucleones, rompiendo así el equilibrio que reinaba hasta ese momento. El neutrón es una partícula inestable que se desintegra en poco menos de un cuarto de hora en un protón, un electrón y un neutrino. El único camino de preservación del neutrón es que se una con un protón para formar un núcleo de deuterio. Es la primera etapa de una nucleosíntesis que produce sobre todo núcleos de helio-4, pero también de helio-3 y de litio-7. Al cabo de tres minutos, el enfriamiento debido a la expansión del universo puso término a esta actividad nuclear inicial. ¿Cuál es la proporción de neutrones que se salvaron en los núcleos? La respuesta depende de la cantidad de materia que contenga el universo. Si hay muy pocos nucleones, los encuentros entre protones y neutrones son raros, se produce poco deuterio y lo esencial de los neutrones se desintegra; si es el caso, el helio-4 se produce en una proporción débil en relación con el hidrógeno. En cambio, si hay muchos nucleones, los choques entre protones y neutrones se hacen frecuentes, las reacciones nucleares se vuelven numerosas y la proporción de helio-4 se hace más importante. Lo que es más, la cantidad total de materia influye en el ritmo de expansión, y entonces en la duración en la cual la nucleosíntesis primordial se produce: una duración corta corresponderá a cantidades débiles de elementos sintetizados. Así, la medida de la contribución primordial a la proporción actual de helio-4 permite evaluar la cantidad de materia formada de protones y neutrones (llamada materia bariónica) en el universo. El valor que encontramos, 4,9%, confirma la idea de que la mayoría de la materia en el universo observable no se presenta bajo una forma luminosa, gas o estrella, que no representan sino el 0,5 % de la materia ordinaria.

¿Una nueva ley?

Sin embargo, otras hipótesis además de la materia oscura son susceptibles de dar cuenta de las anomalías dinámicas constatadas. En lugar de evocar la existencia de una nueva entidad como la materia oscura, y conservando las leyes físicas inmutables (solución "ontológica"), podemos intentar reducir la brecha entre la teoría y la observación modificando esas leyes (solución "legislativa"). Así, podemos estimar preferible modificar el marco teórico, es decir invocar otra fuerza además de la gravitación o volver a cuestionar la universalidad de su ley.

Esta última opción es la que privilegia la teoría llamada de la "dinámica newtoniana modificada" (MOND, acrónimo del inglés *Modified Newtonian Dynamic*) desarrollada a partir de 1983 por el físico israelí Mordehai Migrom (1946). Postula que la fuerza gravitacional sigue una ley modificada por aceleraciones muy débiles. Esta proposición explica bien las velocidades de rotación en el sentido de las galaxias, pero el éxito de la teoría MOND se limita únicamente a esa escala. Su utilización para describir una estructura como un cúmulo de galaxias, especialmente el cúmulo de Boulet (constelación de *La Quilla*), necesita invocar también una forma de materia que no puede ser bariónica. El margen de maniobra para la nueva ley de la gravitación está muy limitado por los numerosos *tests* de precisión que la relatividad general superó en el Sistema Solar. Por otra parte, se hicieron pruebas de gravitación a grandes escalas, combinando astutamente datos relativos a las pequeñas lentes gravitacionales, a los cúmulos galácticos y a las velocidades de las galaxias. Sus resultados excluyen casi por completo algunas de estas teorías alternativas. Ningún modelo parece tan fructífero como aquel que invoca la materia oscura: ofrece la explicación más simple pero introduciendo una misteriosa entidad física.

¿Cuál podría ser la naturaleza de la materia oscura?

Si la materia oscura no es conocida sino por su acción gravitatoria, ¿de qué está constituida? La alternativa parece simple: o bien de una forma no luminosa de materia ya conocida (llamada materia "bariónica"), o bien de una forma desconocida de materia (la materia "no bariónica"), que estaría finalmente mucho más expandida que la que conocemos. ¿Pero bajo qué forma se la puede encontrar? Los candidatos no faltan.

Gases y polvos son generalmente detectables gracias a sus rayos de emisión o de absorción y, en ese sentido, no son verdaderamente oscuros. Están presentes en cantidad relativamente importante en el disco de nuestra galaxia, donde la masa de gas es comparable a la masa de las estrellas visibles. Pero la masa de gas y polvo sigue siendo insuficiente para dar cuenta de la curva de rotación de una galaxia. Queda excluido que el halo esté totalmente formado de gas difuso: su temperatura de equilibrio sería entonces cercana a un millón de grados, provocando la emisión de una radiación X bastante más intensa que lo que se ha observado. El hidrógeno atómico fue bastante estudiado, pero con toda claridad no es lo suficientemente abundante. En cambio, no existen casi restricciones sobre la abundancia de hidrógeno molecular, que no es directamente detectable.

Estrellas de neutrones y agujeros negros son candidatos particularmente sombríos. Una primera oleada de estrellas masivas, en los inicios del universo, habría podido crear un gran número de ellas en su colapso final. Para que 90% de los bariones terminen siendo estrellas de neutrones o agujeros negros, el número de estrellas de masa pequeña (inferior de dos a cuatro veces la masa del sol) debe ser muy débil. Problema: 70 % de las estrellas del disco de nuestra galaxia tiene una masa inferior a dos masas solares. Por otra parte, antes de convertirse en estrella de neutrones o en agujero negro, una estrella masiva explota como una supernova. Una gran parte de su masa se ve entonces dispersada en el medio interestelar, enriqueciéndolo así en núcleos pesados, como el hierro, que son sintetizados en la explosión. La cantidad de esos núcleos sería entonces mucho mayor que la que observamos. Finalmente, el gas interestelar captado por un agujero negro debe también irradiar en infrarrojo de modo detectable a causa del calentamiento intenso que padece durante su caída. Y no ha sido detectado ningún exceso infrarrojo de esa índole.

Hay otros tipos de objetos que también son luminosos. Las enanas negras, por ejemplo. Son estrellas fracasadas cuya masa pequeña, inferior a 0,08 % de la masa solar, no les permite ser sede de reacciones de fusión termonucleares. Las enanas blancas son también poco luminosas en razón de su tamaño pequeño. Son el resultado de la evolución de una estrella de tipo de la del sol. En cuanto a las estrellas de neutrones, agujero negro, enana blanca, enanas negras, fueron agrupadas bajo el acrónimo de MACHO (*Massive Compact Halo Objects*). ¿Estos objetos pueden existir en cantidad suficiente como para explicar el halo masivo de una galaxia? El proyecto EROS (acrónimo de *Expérience pour la Recherche d'Objets Sombres*) fue especialmente elaborado para dar una respuesta a esa pregunta. Un telescopio midió noche tras noche la luminosidad de millones de estrellas de las Nubes de Magallanes, dos pequeñas galaxias satélites de la Vía Láctea. Se trataba de detectar la ampliación luminosa temporaria causada por el pasaje de un astro sombrío del halo de nuestra galaxia sobre la línea de visión de una de las estrellas observadas. Una vez más, un efecto de pequeña lente gravitacional. Diez años de seguimiento permitieron excluir que el halo sombrío de nuestra Vía Láctea estuviera mayoritariamente constituido por astros muy poco luminosos, dejando así entero el misterio de la naturaleza de la materia oscura bariónica.

En la actualidad los astrofísicos están mayoritariamente convencidos de la existencia de materia oscura no bariónica. Las esperanzas descansaron por un tiempo en el neutrino, una partícula que interactuaba de modo muy débil con la materia. Pero su masa, aunque no es nula, es mucho más débil para dar cuenta de la materia oscura no bariónica. En el mejor de los casos, los neutrinos contribuyen tanto como las estrellas al balance de materia del universo. Fuera del neutrino, la física de partículas no conoce con certeza ninguna otra partícula susceptible de corresponder a la materia oscura no bariónica. Sin embargo, nuevos desarrollos teóricos que apuntan a extender el campo del modelo estándar de la física de las partículas predicen la existencia de nuevas partículas que serían buenas candidatas. Han sido reagrupadas bajo el nombre genérico de WIMP (*Weakly Interactive Massive Particles*, el acrónimo significa "cobarde" en inglés) y forman una clase de partículas masivas, estables y que interactúan de modo débil con la materia. La nueva partícula más ligera, llamada "neutralino" podría ser una de ellas. Los físicos esperan detectarlas en los grandes aceleradores de partículas, como el *Large Hadron Collider* del CERN, en Ginebra. Buscan así detectar su eventual presencia gracias a detectores instalados bajo cientos de metros de roca o bajo el hielo del polo Sur. Se trata de protegerlas de otros tipos de partículas para detectar las raras interacciones de las partículas de materia oscura con los átomos de sus máquinas. Estas son experiencias delicadas, porque se enfrentan con numerosas fuentes parásitas. Algunos equipos anunciaron haber observado señales que se deberían a la materia oscura, pero otros grupos desmienten estos resultados. Hoy la pregunta sigue abierta. En el transcurso de los próximos años, la situación debería aclararse, sin embargo, porque los *físicos experimentales* aumentan sin descanso la sensibilidad de sus detectores. Si la investigación sigue siendo infructuosa pese a todos sus esfuerzos, la idea de materia oscura se convertirá seguramente en más difícil de defender. Sea como fuere, en su búsqueda de los orígenes de la materia ordinaria, los astrofísicos colmaron el universo de una materia exótica cuya búsqueda será probablemente una de las grandes aventuras científicas de este siglo.

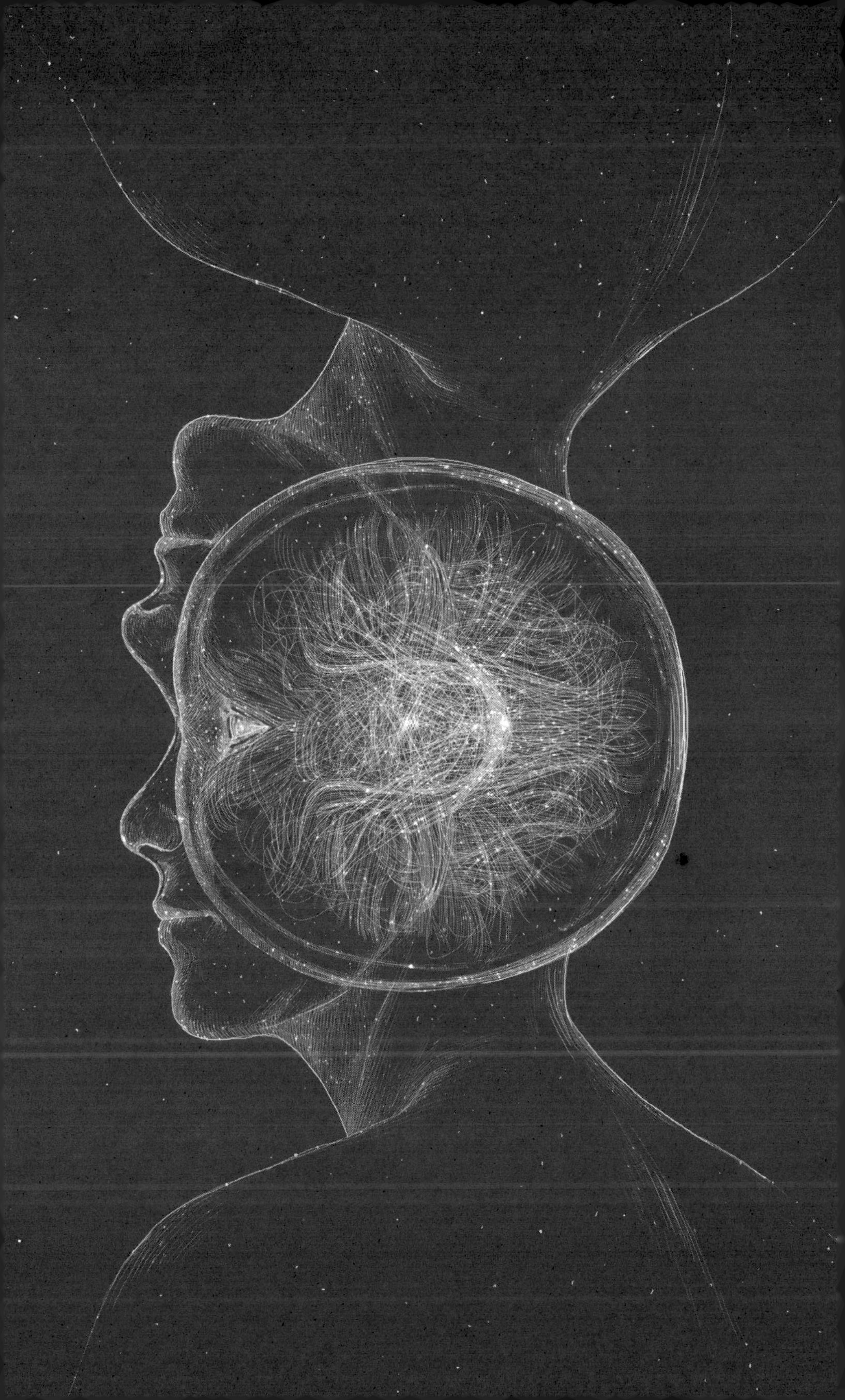

Las alquimias de la materia oscura

> Así el poeta moderno reencuentra
> la antigua ensoñación de lo negro
> de los alquimistas que buscaban
> el negro más negro que lo negro:
> "Nigrum nigrius nigro".
>
> Gastón Bachelard, *La Tierra y las ensoñaciones del reposo. Ensayo sobre las imágenes de la intimidad*, México, FCE, 2014, traducción de Rafael Segovia, p. 41.

En los años de 1930, el astrónomo estadounidense de origen suizo Fritz Zwicky observó, en un cúmulo de la constelación de Coma Berenice, que las velocidades relativas de ciertas galaxias eran anormalmente elevadas. De ello concluyó que si esas velocidades se debían explicar por efectos gravitacionales, implicaban la presencia de una masa considerablemente más importante que la masa de la materia que se observaba. Sus colegas no se dejaron convencer y llevaron su escepticismo incluso al punto de no darle el tiempo de observación que necesitaba para poner a prueba su hipótesis. De temperamento irascible, Zwicky sintió una amargura que expresó dirigiéndoles virulentos sarcasmos, hasta que de a poco se fue quedando completamente aislado. Algunos difundieron una leyenda negra que lo involucra y que pretende que la causa de su ostracismo era un rasgo propio, ser un "lobo solitario" (y no a la inversa). Sea como fuere, la astronomía y la astrofísica perdieron cuarenta años por no haberlo escuchado. En el origen de la materia oscura parece que hubo algo *que no se quería ver*.

Pero hoy este matiz parece haberse invertido: el adjetivo "oscuro" pegado a "materia" señala siempre la dificultad, incluso la imposibilidad, de observar esa sustancia misteriosa, pero esa oscuridad tendría más bien una tendencia a jugar un rol que incita a la indagación. Todos los astrofísicos, o casi todos, creen en la materia oscura incluso si no la pueden ver. Así, lo oscuro participa de la sustancialización de dicha hipótesis. Porque es "negra", desconocida, esta materia exótica excita la imaginación de los científicos. Su negrura significa la ausencia de detección por los medios clásicos, pero esta impotencia ya no se interpreta como un índice de una inexistencia probable. Muy por el contrario, ¡la oscuridad parece legitimar las más alocadas especulaciones teóricas! La materia oscura es la sustancia oculta que rastrean en conjunto los astrofísicos y los físicos de las partículas.

Un negro más negro que el negro

Para estudiar los ecos imaginarios de la materia oscura, vamos a movilizar las imágenes de un arte oculto y los recursos de una palabra que ama ocultar aquello que pretende revelar: el corpus hermético. Este acercamiento entre la astrofísica y la alquimia no implica en lo más mínimo que las investigaciones de los alquimistas de antaño hayan tenido la más mínima relación real con las de los científicos contemporáneos. Lo proponemos *en el plano de lo imaginario* porque los escritos herméticos ofrecen numerosas imágenes que asocian la materia, el misterio y la oscuridad en los escritos que se ocupan de aquello que los alquimistas llamaban ellos mismos la "materia oscura", pero que se conoce más por el nombre de "opus nigrum". Examinaremos de este modo cómo la imagen alquímica de la materia oscura se despierta y se transforma en contacto con la hipótesis astrofísica de la materia oscura, y *cómo*, tal vez, la "colorea" en contrapartida.

Como la de los astrofísicos, la materia oscura de los alquimistas se opone antes que nada a la luz de los astros: es como una sombra que el sol nunca llegará a iluminar. De modo enigmático, el alquimista alemán Michael Maier (1569-1622) ya establecía un vínculo entre esta sombra mística y el arte del astrónomo: "La utilidad de las sombras en Astronomía es tan grande que, sin ellas, dicha ciencia apenas podría desarrollarse" (*L'Atalante fugitive*, 1618, p. 189). Su discurso empieza haciendo referencia a la sombra proyectada de los cuerpos: "El Sol no penetra la densidad de los cuerpos; a ella se sigue oponiendo la sombra de todas las cosas: más vil que ellas, por cierto, esta densidad no es menos empleada por los astrónomos a los cuales ofrece varias utilidades" (*ídem*). En los textos herméticos, nunca es fácil seguir el razonamiento del autor, pero parece que, a ojos de Maier, la utilidad de las sombras para los astrónomos es un argumento en favor de la existencia de otra sombra oculta *en el interior* de los cuerpos: la materia oscura.

A Bachelard le gustaba mucho leer tratados de alquimia. Como hemos visto a propósito del cuerpo negro, también estaba muy atento al fantasma de la negrura escondida en el corazón de la sustancia de las cosas. Apreciaba en particular la siguiente fantasía paradójica: que el negro sustancial podía ser disimulado *por un fondo negro*. La búsqueda imaginaria del negro escondido exige buscar en el centro del mejor escondite, que es el de la misma negrura, para desempolvar "ese negro agrio que trabaja bajo la negrura embotada, ese negro de la sustancia que produce su color de abismo"[25].

De acuerdo con Zwicky, la separación entre las velocidades previstas y observadas de ciertas galaxias habría debido imponer a sus colegas tomar en cuenta la anomalía que provocaba, por su parte, la hipótesis de la masa faltante. Si nos mantenemos dentro del marco de la teoría de la relatividad general para explicar las velocidades observadas, hay que admitir, en efecto, que la materia, tal como la conocemos, no representa sino una fracción de la masa del universo. Por cierto el físico no está absolutamente obligado a adherir a esta hipótesis de orden ontológico (inventando nuevos seres): como explicó Roland, puede preferir cambiar las leyes de la gravitación. Una solución "legislativa" de este tipo es la que defienden en particular los partidarios de la teoría MOND (*Modified Newtonian Dynamics*). Si modificamos la segunda ley de Newton (la que define la fuerza en función de la masa y de la aceleración), la materia oscura no existe, no es una realidad sino una sombra que se debe a las imperfecciones de la teoría estándar. Ahora bien, ya encontramos esta vacilación ontológica en las especulaciones

25. Gastón Bachelard, *La Tierra y las ensoñaciones del reposo. Ensayo sobre las imágenes de la intimidad*, *op. cit.*, p. 41.

de los alquimistas a propósito de la materia oscura. Para Maier, la materia oscura existe pero no es una sustancia común y corriente, no es sino una sombra, es como un no-ser comparada con las sustancias que se pueden observar en el universo: "La sombra es algo muy útil, aunque cercana al no-ser: así aparece la sombra de los Filósofos que es el Negro más negro que el negro" (*ídem*). Aquí tenemos definida la especificidad imaginaria de lo negro de la materia oscura: es "Nigrum nigrius nigro", *un negro más negro que el negro*.

A la materia oscura de los astrofísicos se la llama "negra" (en francés) porque no es detectable por medio de ondas electromagnéticas. Sabemos que las ideas negras de la física designan, en general, cosas que no llegamos a observar. Sin embargo, es necesario subrayar que hay un énfasis en relación con las significaciones anteriores del negro físico: el agujero negro no se ve, pero interactúa con la luz cuando se encuentra con ella y la absorbe. En cambio, la materia oscura no tendría ninguna interacción con la luz que la atraviesa, no la absorbe más que lo que la emite. No interactúa con ella y con la materia común y corriente sino a través de la gravitación. El sentido de lo negro de la materia oscura va entonces bastante más allá del sentido convencional del negro en física. Es "un negro más negro que el negro". Nos podemos preguntar incluso si el adjetivo "negro" sigue conviniendo a una materia que, a fin de cuentas, es invisible, impalpable y transparente. La negrura señala que está decididamente escondida, lo cual, extrañamente, en lugar de incitar a la duda, favorece la creencia en su existencia. Imaginariamente, lo que es negro tiene consistencia.

Una hipótesis *ad hoc* (incluso metafísica a ojos de un positivista estricto) sería que la materia oscura resulta de una *sustancialización*. La masa faltante es primero un problema, una anomalía en el seno de un modelo científico. La "materia oscura" (traducción de *dark matter*) no designaba sino una solución problemática, pero la materia negra[26] es más que una simple hipótesis: adquiere el estatuto de realidad indiscutible en ciertos discursos científicos. Cuando se exhiben las "cartografías" de la materia oscura, algunos la presentan como la observación indirecta de una realidad, mientras que, con rigor, no se trata sino de una representación que se obtiene por simulación digital de aquello

26. (N. de la T.) Como se dice literalmente en francés.

que la hipótesis impone para dar cuenta de las observaciones. Porque se la llama "materia", es que se la llama "oscura": la masa faltante adquiere así una consistencia imaginaria.

No hay que ofuscarse por el hecho de que los científicos postulen la existencia de sustancias que nunca fueron observadas. Ante un desfasaje mayor en relación con las predicciones teóricas, muchas veces los científicos no pueden sino elegir entre dos soluciones altamente arriesgadas: modificar la teoría o inventar un nuevo elemento dentro del marco teórico existente. No hay medio de saber de antemano cuál será la mejor estrategia. Sin embargo, es impactante que la calificación de "oscura" no sea neutra en este punto: nos lleva a hacer estimaciones, más que a dudar. La negrura conjuga dos dinámicas imaginarias contrarias: por un lado, intensifica la creencia en la materia, pero al mismo tiempo sugiere que está irremediablemente fuera de alcance. Eso negro más negro que el negro, ¿sería entonces lo propio de una idea oculta? ¿O no es sino provisorio, algo que está a la espera de su trasmutación?

La *Opus nigrum*

En alquimia, el *nigredo* u *opus nigrum* no es sino una etapa. Le sucede la obra blanca, luego la obra roja, que es la culminación de la gran obra tan esperada. Recuperando las imágenes egipcias, órficas y cristianas de las mortificaciones seguidas de una resurrección, los alquimistas presentan el pasaje por la negrura como una etapa nefasta indispensable antes de la obtención del verdadero conocimiento de la materia: "Esa masa, así de negra, o así de oscurecida, es la clave, el comienzo (...) esa Negrura muestra la verdadera manera de obrar; porque, si se hace a la masa deforme y se la corrompe mediante la auténtica corrupción natural, se sigue de esa corrupción una generación de una nueva disposición real en esa Materia"[27]. Al ser la llave para acceder al más brillante esplendor, parece natural suponer que la materia oscura estará muy bien protegida. Esta evocación de la excitación del descubrimiento de los secretos de la materia oscura es extremadamente sugerente. Profundizando quizás demasiado, diríamos que los astrofísicos

27. Bernard le Trévisan, *La Parole délaissée*, siglo XV, p. 428.

se unen con los alquimistas en la búsqueda de la piedra filosofal no por su medio de indagación sino por la fascinación que sienten por su objeto: su materia oscura es primordial y está escondida. ¿No ocurriría, acaso, que está escondida porque es primordial?

Según los alquimistas, la materia oscura sostiene un lazo estrecho con Saturno, símbolo que superpone el planeta a sus anillos, la antigua divinidad romana del tiempo y el plomo. Ese Saturno es el "padre" de la materia oscura. La protege y la disimula. Hace de ella una sustancia secreta que se niega a la luz, como cerrada sobre ella misma:

> "El deseo saturnino encierra en él a ese niño dorado, pero no en su forma gris sino con un destello oscuro (...) constituye la esencia del libre deseo (el cuerpo de oro) que ha llegado al grado más alto de corporeidad dentro de la muerte fija; sin embargo, no es la muerte sino una cerrazón representativa de la divina esencia celeste" (Jacob Boehme, *De la signature des choses*, 1621, p. 29).

La *opus nigrum* que se obtiene por medio de la calcinación o por disolución en ácido es vil, comparable con los excrementos, e inmensamente preciosa, puesto que se trata del primer estadio de la magna obra que se supone va a producir la piedra filosofal, transmutando el plomo en oro. Del mismo modo, la materia oscura no era, en un comienzo, sino una solución transitoria para dar cuenta de una anomalía lamentable, pero se convirtió en unos de los Griales de la astrofísica. Quien llegue a dilucidar su naturaleza habrá dado un paso de gigante en la comprensión del universo... y hacia el oro del premio Nobel.

El *anima* del cosmos

A quien admite la existencia de la materia oscura se le devela un nuevo universo, en efecto, sin llegar a mostrarse del todo: ¡habría más materia en el universo que la que podemos ver! En consecuencia, la materia común y corriente no sería sino una fina espuma de la materia real. Esta inversión de la perspectiva teórica es comparable con el descubrimiento psicoanalítico de la vida inconsciente: nuestra existencia consciente no es sino una parte muy pequeña de aquello que se trama en nuestro espíritu. Hay muchas cosas que hacemos que no podríamos explicar por medio de nuestras deliberaciones y decisiones conscientes. El psicoanálisis de obediencia jungiana insiste en el hecho de que no tomamos conciencia de nuestra verdadera personalidad sino cuando aceptamos sus partes de sombra reprimidas, sus aspectos molestos y a veces peligrosos. Carl Gustav Jung denomina a este aspecto de nuestra *psyché* el *anima*, el alma sombría y enterrada, a diferencia del *animus*, nuestra personalidad asumida, valorizada y en acción. A pesar de que el *anima* sea la componente pasiva y oscura de la *psyché*, también es la más importante. Si sigo esta analogía, la materia oscura ser*í*a el *anima* del cosmos.

Jung encontraba en los libros de los alquimistas numerosas representaciones de esta dualidad fundamental del alma bajo la forma de un hermafrodita coronado. Los escritos y grabados de los alquimistas abundan en semejantes arquetipos, que constituyen un material precioso para el psicoanalista. En la medida en que juega con los símbolos sin verse realmente restringida por la experiencia, la alquimia proyecta muy libremente los arquetipos del inconsciente colectivo sobre la "sustancia" alquímica. Ahora bien, en lo que concierne a la naturaleza de la materia oscura, la astrofísica también se ve desprovista de un punto de referencia experimental. Descubre un terreno virgen que la física de partículas más especulativa invade con alegría. En efecto, para colmar el enorme déficit de masa, los astrofísicos primero pusieron sus esperanzas en lo que todavía llamaban "materia sombría", es decir, en materia clásica pero difícilmente observable, como las enanas blancas, las enanas negras y los agujeros negros. Estos astros daban, si se nos permite la expresión, un poco de color a la materia oscura. Pero esto estaba lejos de ser suficiente. ¡Hacía falta tanta materia! Entonces llamaron a sus colegas teóricos de la física de partículas para inventar múltiples variedades de materia exótica, es decir, diferente de la materia conocida, pero tolerada por ciertos modelos teóricos. Se estableció entonces un lazo entre el macrocosmos y el microcosmos.

La unión del macrocosmos y el microcosmos

Así, habría materia oscura "fría" (es decir, lenta en relación con la velocidad de la luz), compuesta por partículas masivas que no se han detectado hasta hoy porque interactuarían muy poco con el resto de la materia. También habría materia oscura "caliente" (que se desplazaría a una velocidad cercana de la velocidad de la luz) cuyas tres formas de neutrinos conocidas son una de sus componentes. Finalmente, habría materia oscura "tibia" cuya principal componente sería el neutrino "estéril", una cuarta forma de neutrino (se lo llama estéril porque no interactúa con la materia y porque entonces es indetectable). Por su lado, ciertos alquimistas acercaban también sus especulaciones sobre la materia oscura a las doctrinas atomistas de la antigüedad: "Alégrate entonces, pues verás ciertamente muy pronto todo negro como el carbón, y todos los miembros de tu cuerpo compuesto serán reducidos a átomos"[28]. Esos átomos son aquellos de Demócrito, Epic*ú*reo y Lucrecio. No tienen sino existencia metafísica.

Para los astrofísicos, el acuerdo que buscan con otra rama de la física es el único medio de progresar y representa *a priori* nuevas obligaciones. Sin embargo, la multiplicación de las hipótesis sobre la naturaleza de la materia oscura tiene con qué provocar perturbaciones. Continuando nuestra analogía irreverente, podemos sugerir que los físicos de partículas se ven llevados a multiplicar las partículas exóticas para colmar la masa faltante de los astrofísicos de la misma manera en que los tratados de alquimia multiplican los nombres y los símbolos atribuidos a la materia oscura para enmascarar el hecho de que no la encuentran en ninguna parte en la naturaleza, y que es imposible producirla por medio de los procedimientos técnicos que ellos preconizan. Así, la *opus nigrum* es también llamada la "Brea negra", la "Sal quemada", el "Plomo fundido", el "Latón no diáfano", el "Magnesio", el "Mirlo de Juan", "el Occidente", las "tinieblas", la "lepra", la "muerte", la "mortificación del Mercurio" o incluso el "Hades". Huelga decir que las mayúsculas significan que la Brea, la Sal, el Plomo, el Latón, el Mercurio o el Magnesio no son en lo más mínimo idénticos a las sustancias que estos términos designan habitualmente.

La "cabeza de cuervo" es una de las expresiones que aparece con más frecuencia: parece que, en una etapa del proceso de "mortificación", una parte de la materia contenida en el cuerno se supone que se volatiliza en un vapor negro; al ser un cuervo un "volátil negro", esta sustancia es llamada "cabeza de cuervo"... No obstante, la mitología

---

28. Eyrénée Philalèthe, *L'Entrée ouverte au palais fermé du roi*, 1645, p. 672.

hace las cosas bien: el cuervo también es un pájaro vinculado con Cronos, el dios del Tiempo entre los griegos, el homólogo del Saturno de los latinos, y de Odín, dios de la Vida, de la Muerte y de la Guerra y la Magia entre los escandinavos, que está acompañado de dos cuervos que simbolizan el Pensamiento y la Memoria. La abundancia del vocabulario y la coherencia de los símbolos ocultan la vacuidad de la referencia material. Ningún alquimista pudo jamás indicar de qué hablaba. Es cierto, como recuerdan los especialistas de la alquimia fascinados por su objeto de estudio, que bastaría con que un alquimista se expresara con claridad para que no fuera digno de llevar dicho título. La alquimia es por esencia un arte que oculta los secretos que pretende detentar.

En su propia búsqueda de una unión entre la masa del macrocosmos y las variedades del microcosmos, los astrofísicos y los físicos de partículas juegan a la transparencia. Su búsqueda de la materia oscura no es menos incierta. El acelerador de partículas reemplaza con muchas ventajas al cuerno, pero a veces le ocurre que fracasa. Así, se suponía que la materia negra fría estaba compuesta de partículas "simétricas", es decir, que a cada bosón había que hacerle corresponder un fermión, y recíprocamente. Hasta hoy estas nuevas partículas nunca fueron observadas aunque su existencia haya sido predicha por una extensión del modelo estándar muy popular entre los físicos de partículas, la "supersimetría". ¡Ay! Ninguna de ellas pudo, por el momento, ser detectada por el gran colisionador de hadrones (LHC) que se puso en marcha en el CERN. Ciertos teóricos estiman que dicha teoría probablemente esté "muerta".

La materia oscura caliente está compuesta de partículas cuya existencia ha sido constatada, los neutrinos. Sin embargo, su número y su masa no resuelven sino una pequeña parte del problema. En cuanto al neutrino estéril que constituiría la materia oscura tibia, no interactúa con la materia sino cuando se transforma en otro tipo de neutrino, aunque nunca se la podrá observar directamente. Lo único que sugiere su existencia es un ligero déficit del flujo de neutrinos que proviene de las centrales nucleares. De todos modos, la poca cantidad de materia oscura tibia no puede tampoco explicar mejor la enormidad de la masa faltante. La materia oscura es una solución al problema de la masa faltante, por cierto, pero esta solución es en sí misma problemática: explica lo oscuro a través de lo oscuro: "obscurium per obscurius"...

Al término de esa ensoñación sobre la materia oscura, la idea negra de los astrofísicos se metamorfoseó en una imagen negra que nos recuerda extrañamente los delirios alquímicos. No olvidemos que si la *opus nigrum* alquímica evoca la imagen reprimida de la materia oscura astrofísica, es porque una idea científica tiene precisamente por función rechazar semejantes imágenes. No podemos aproximar las incertezas científicas de los sueños alquímicos sin exponernos a las protestas de los científicos y del "Filósofo" hermético. Que la materia oscura resiste, por el momento, a los esfuerzos de los físicos no significa que se trate de una hipótesis falsa. Si es cierto que la alquimia no tiene nada que ver con una ciencia, la meditación sobre esos símbolos produce, quizás, una forma de sabiduría.

Desde el punto de vista del epistemólogo y del psicoanalista del conocimiento, todavía nos queda que la materia oscura parece una sustancialización apresurada y sospechosa y que, si no dependiera sino de él, más valdría insistir en hablar de la "masa faltante" para tener presente en el espíritu que se trata de un problema abierto. Sin embargo, la principal teoría competidora, MOND, presenta también sus dificultades, y transformar las leyes de la física no es una opción que se pueda tomar a la ligera.

En cuanto al punto de vista espiritual de la búsqueda de la materia oscura, no hay que olvidar que la alquimia no era sino un arte de charlatanes y hacedores de oro. Era también un discurso iniciático que permitía a los Hombres, según Jung, *individuarse* en concordancia con las disposiciones inconscientes de su *psyché* para comprender su maduración a través de las edades de la vida. Como confiaba Marguerite Yourcenar (1903-1987) a propósito del título de su magnífica novela, *Opus nigrum*: "Todavía discutimos si esta expresión se aplicaba a audaces experimentos con la materia misma o si abarcaba simbólicamente ciertas pruebas del espíritu que lo liberaban de las rutinas y prejuicios". He aquí una hermosa fórmula: "Liberarse de las rutinas y prejuicios". Esa debe ser la línea de conducta del espíritu cuando avanza a tientas en lo negro.

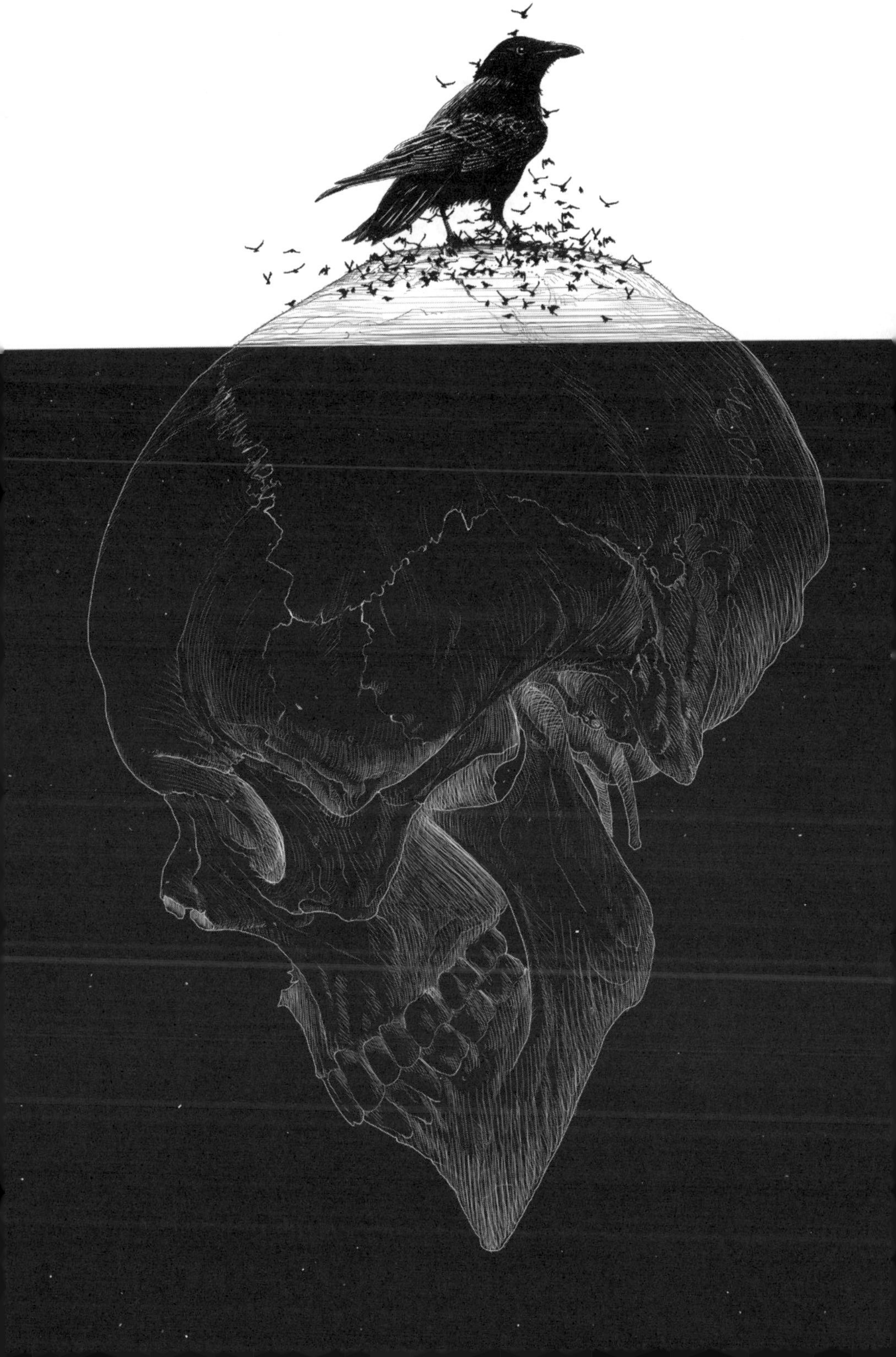

Energía oscura

Era negro como la noche, como el vacío (...)
Era como un negativo

Joseph Brodsky,
Collines

La cosmología apunta a construir una descripción coherente del universo observable, es decir, del conjunto de las cosas con las cuales hemos interactuado esencialmente a través de la luz. Este universo observable es el interior de una esfera cuyo centro ocupamos. La esfera tiene un radio de aproximadamente 45 miles de millones de años luz, y contiene un centenar de miles de millones de galaxias. Para describir este conjunto accesible a nuestras observaciones, la cosmología construye un modelo, es decir, una representación idealizada basada en el conocimiento de las leyes físicas que han sido validadas experimentalmente sobre la Tierra, aquí y ahora, y en nuestras observaciones del cosmos. El modelo cosmológico contemporáneo se conoce bajo el nombre muy mediático de "modelo del Big bang" y se apoya en la teoría de la relatividad general elaborada por Albert Einstein hace un siglo. La gravitación está descripta en ella de modo geométrico a través de un espacio-tiempo curvo. Más precisamente, mientras que el movimiento de un objeto en caída libre se explica por la fuerza de atracción gravitacional en la teoría de Newton, es interpretado como el trayecto más corto dentro de un espacio-tiempo curvo en la teoría de Einstein. La geometría del espacio tiempo fija la trayectoria de la materia y, en contrapartida, el contenido material deforma el espacio-tiempo. La geometría del espacio-tiempo y el contenido material están íntimamente vinculados por las ecuaciones de la relatividad general. Estas ecuaciones sumamente complejas no pueden ser resueltas en la práctica sino al precio de una doble hipótesis: las propiedades geométricas y físicas de nuestro universo, para un instante dado, son las mismas en todos los puntos y en todas las direcciones alrededor de cada punto. Dicho de otra manera: el "universo" es homogéneo e isótropo. Este "principio copernicano" introducido en 1915 por Einstein, y luego independientemente por el astrónomo ruso Alexandre Friedmann (1888-1925, en 1922), y el belga Georges Lemâitre (1894-1966, en 1927) llevó a modelos cosmológicos simples: para cada momento, las propiedades geométricas del espacio, especialmente su curvatura, son idénticas en todo punto y en toda dirección. La curvatura, sin embargo, puede variar en el transcurso del tiempo, lo que confiere a estos modelos un carácter dinámico inesperado: el espacio puede estar en expansión. En 1917, Einstein trabajaba en la construcción del primer modelo cosmológico que tenía como marco la relatividad general. Estaba persuadido de que el universo era estático y eterno pero constataba que sus ecuaciones llevaban naturalmente a soluciones dinámicas. Para obtener una solución que estuviese de acuerdo con sus convicciones filosóficas, tuvo que introducir en sus ecuaciones un término suplementario constante, el único autorizado, llamado "constante cosmológica".

Algunos años más tarde, en 1929, se confirmó la dinámica del universo a grandes escalas de distancia. El astrónomo estadounidense Edwin Hubble (1889-1953) observó que el espectro de la luz que provenía de las galaxias lejanas se veía sistemáticamente desfasado al rojo. Ese fenómeno se debe al efecto Doppler: la longitud de onda de una señal sonora o electromagnética se estira cuando el emisor se aleja del receptor. Edwin Hubble estableció una relación de proporcionalidad, la "ley de Hubble", entre la aparente velocidad de alejamiento y la distancia de las galaxias. En el marco de la relatividad general, las observaciones de Hubble fueron interpretadas como resultantes de la expansión del universo: el que se estira es el espacio, y entonces da la impresión de que las galaxias se alejan unas de las otras. El coeficiente de proporcionalidad de la ley de Hubble se llama "constante de Hubble". Cuantifica la tasa de expansión del universo y fue determinado con una precisión del orden del 1 %: vale aproximadamente

21,3 km por segundo y por millón de años luz. En virtud del principio copernicano, un observador que escrutase el cosmos hoy desde otra galaxia obtendría los mismos resultados; en particular, mediría el mismo valor para la constante de Hubble. Sin embargo, el principio cosmológico no implica que un observador que haya medido dicha constante en el pasado pudiera obtener el mismo resultado hoy, porque la constante de Hubble puede variar en el transcurso del tiempo.

Einstein no admitirá la realidad de la expansión del universo como consecuencia de su teoría sino a comienzos de los años de 1930, renegando al mismo tiempo de su constante cosmológica. Ésta pierde entonces su razón de ser original y deja lugar a modelos de universo dinámicos como los prevé espontáneamente la relatividad general. Desatendida por su creador, la constante cosmológica, sin embargo, sedujo a otros astrofísicos porque permitía resolver el problema de la edad del universo. Entonces los modelos que no tenían constante cosmológica asignaban al universo una edad aproximada de 2 mil millones de años, mientras que la edad de la Tierra, deducida de mediciones geoquímicas, es de 4,5 mil millones de años. En su estudio sistemático de las soluciones cosmológicas, Lemaître había subrayado que una constante cosmológica podía "congelar" momentáneamente la expansión, permitiendo ajustar así la edad del universo modelo de manera tal de ser coherente con las observaciones de la época. En las décadas siguientes, el debate sobre la constante cosmológica prosiguió. El problema de los cosmólogos es de fuste. La edad del universo se determina a partir de estimaciones de la constante de Hubble y del contenido material del universo observable, pero desgraciadamente el valor mensurado de la constante de Hubble y el inventario del contenido material evolucionan a medida que avanzan las observaciones, haciendo resurgir esporádicamente el problema de la edad del universo. Desde entonces, los cosmólogos se lanzaron a hacer un inventario sistemático que apunta a "pesar" y a hacer un repertorio de cada uno de los constituyentes del universo. Los valores más recientes provienen del cruce de los grandes catálogos de galaxias y de las observaciones del fondo difuso cosmológico realizadas particularmente por medio del satélite europeo Planck.

Una observación sorprendente

A fines de los años de 1990, dos equipos, uno dirigido por Saul Perlmutter (de la Universidad de Berkeley, California) y el otro por Brian Schmidt y Adam Riess (respectivamente en la Universidad de Canberra, en Australia, y en la Universidad de Berkeley), abordaron la tarea de medir el ritmo de la expansión del universo en el pasado. Para eso, observaron el flujo luminoso de supernovas de tipo Ia (SNIa) situadas a varios miles de millones de años luz. Estas explosiones de estrellas son extremadamente interesantes porque su máxima luminosidad se puede reproducir. La medida de su flujo luminoso aparente equivale entonces a medir la distancia recorrida por los fotones emitidos en ocasión de la explosión: una distancia que depende de la geometría del universo y, por lo tanto, de su contenido. Las observaciones de esos SNIa lejanos revelaron que su flujo aparente era más débil que lo esperado en un universo exclusivamente compuesto de materia. La distancia recorrida por la luz de estas supernovas era entonces más importante que lo previsto: la expansión del universo parecía entonces haberse acelerado. Esos trabajos les valieron a sus autores recibir el premio Nobel de física en el año 2011. Fue un resultado inesperado. Los investigadores lanzaron nuevos estudios sobre las SNIa lejanas, entre ellos el sondeo *Supernova Legacy Survey* (SNLS). De 2003 a 2008, gracias al telescopio Canadá-Francia-Hawaii de 3,6 metros de diámetro, SNLS observó varios centenares de SNIa extragalácticas, contra una cincuenta de las observaciones anteriores. El esfuerzo es de envergadura, porque las SNIa son raras: son del orden de una explosión por siglo para una galaxia en espiral como la nuestra. Luego del relevamiento, SNLS disponía de aproximadamente 500 SNIa como muestra del universo en un período que cubría de 2 a 8 miles de millones de años en el pasado. Las mediciones mostraron que el flujo proveniente de los SNIa lejanos se revelaba efectivamente más débil que lo esperado en un universo que no contenía sino materia; acuerdan con la hipótesis de un universo en expansión acelerada.

Para los investigadores, es forzoso admitir la existencia de una componente energética capaz de acelerar la expansión y que no sea ni materia ni radiación. Semejante componente puede ser incluida en las ecuaciones de la relatividad general de Einstein bajo la forma de un término suplementario del lado del "contenido material" de la igualdad. A dicha componente energética desconocida se la llama "energía oscura". De hecho, el término matemático que le corresponde ya había sido introducido por Einstein en sus ecuaciones para que tuvieran soluciones estratégicas, que eran las que privilegiaba el gran físico. Entonces se lo designaba como "constante cosmológica", aparecía en el aspecto "geométrico" de sus "ecuaciones", y se interpretaba como una propiedad del espacio-tiempo. La ironía es que esta constante fue justamente abandonada luego del descubrimiento de la expansión del universo por parte de Hubble, mientras que la aceleración de esta misma expansión impone que se lo reintroduzca. Basta con ajustar su valor para dar cuenta de la aceleración de la expansión.

Plétora de explicaciones

¿Qué representa físicamente la energía oscura? Su presencia en las ecuaciones de Einstein puede significar la intervención de un nuevo actor físico cuyas propiedades son muy diferentes de aquellas de la materia común y corriente. Por ejemplo, la densidad de la energía oscura es constante en el transcurso del tiempo, mientras que la densidad de la materia común y corriente disminuye a causa de la dilución debida a la expansión del universo. Al no variar la densidad de energía oscura, y al estar el volumen del universo dilatado debido a la expansión cósmica, es preciso que esta energía sea creada permanentemente. Hay otra propiedad extraña: contrariamente a la materia común y corriente, su presión es negativa, exactamente opuesta a su densidad de energía: acelera la expansión en lugar de hacerla más lenta.

Se ha estimado la densidad de la energía oscura gracias a las observaciones cosmológicas. Es muy débil: para alimentar una bombita de 100 watts durante 10 segundos, ¡habría que recolectar la energía contendida en un volumen de 10 kilómetros cúbicos! Sin embargo, representa la mayoría del contenido del universo: su densidad representa aproximadamente 68% del contenido del universo, contra solamente 32% de la materia (27% de materia común y corriente y 5% de materia ordinaria). Al final, lo que se presenta bajo una forma desconocida por las teorías físicas actuales es el 95 % del contenido del universo. El modelo cosmológico estándar ofrece una excelente descripción del universo observable. Sin embargo, como físico, uno se puede quedar con las ganas en cuanto a la descripción de las entidades que se supone que dan cuenta de dichas observaciones, e incluso encontrar ese modelo discutible.

A partir de la inferencia de esas propiedades, los físicos imaginaron la naturaleza posible de la energía oscura. Surge una primera posibilidad en el marco de la teoría cuántica de los campos, que describe las partículas y sus interacciones combinando la noción de campo –como el campo electromagnético– y las reglas de la física cuántica. Una partícula se describe entonces como la excitación elemental, un *quantum*, del campo que le está asociado. De la misma manera, el vacío se define como el estado de los campos cuya energía es mínima, pero no necesariamente nula. El vacío ya no es lo que queda cuando se ha retirado la materia y la luz sino una configuración particular del estado de los campos, la que corresponde al de más baja energía, al de partícula cero. En virtud de la relación de indeterminación que debemos al físico alemán Werner Heisenberg (1901-1976), dicho estado particular puede, como los demás, fluctuar. De esas fluctuaciones resulta una energía llamada "de punto cero", o simplemente energía del vacío.

En esta visión moderna, el vacío, es decir, el estado de energía más bajo de los campos cuánticos, hace dos contribuciones: la energía de punto cero y una energía potencial que resulta de la interacción de los campos con ellos mismos. Esta segunda contribución depende de la temperatura y entonces puede variar en el transcurso del tiempo simplemente porque el universo se diluye y se enfría bajo el efecto de su expansión. Es un hecho interesante que el vacío deba aparecer de la misma manera a todo observador en movimiento rectilíneo uniforme. Esa simetría, que resulta del principio de relatividad de Einstein, implica que le está asociada una presión negativa y que su densidad de energía es constante. Así, la energía del vacío se comporta exactamente como la energía oscura. El universo podría entonces estar en expansión acelerada a causa de la contribución de la energía del vacío a su densidad de energía. La energía del vacío y la energía oscura no serían sino una única y misma entidad. ¡Desgraciadamente, el valor calculado para la densidad de energía del vacío es de un orden de magnitud 120 veces superior a la medida para la materia oscura! Nunca la física vio una distancia tan grande entre predicción y observación.

El problema de la energía del vacío fue enunciado bastante antes del descubrimiento de la aceleración de la expansión cósmica, en una época en donde la gente se inclinaba por una constante cosmológica nula. La densidad de energía del vacío calculada debía entonces ser nula ella también, en contradicción con la estimación que citábamos antes. Un modo de remediarlo era introducir una "supersimetría" en la teoría cuántica de los campos. Ésta estipula que cada partícula elemental del modelo estándar, como el *quark* o el electrón, tiene un "supercompañero". Esas partículas apareadas tienen la misma masa pero *spins* diferentes, y sus contribuciones a la energía del vacío se anulan mutuamente. Así, la energía del vacío sería nula sin tener que hacer un ajuste artificial. Desgraciadamente, el universo no parece supersimétrico, puesto que el electrón, por ejemplo, no tiene un supercompañero de la misma masa. Si la supersimetría fuera pertinente, necesariamente estaría rota y los supercompañeros tendrían entonces una masa mayor que lo esperado. No obstante esto, e incluso en esa situación, la densidad de la energía del vacío sigue siendo todavía de 60 órdenes de magnitud más grande que las determinaciones cosmológicas de la energía oscura.

Otros físicos imaginaron los contenidos materiales alternativos que producirían una expansión cósmica acelerada que se designan bajo el término genérico de "quintaesencia". Por ejemplo, la existencia de un campo escalar (es decir, cuyo *spin* es nulo) puede llevar a una aceleración de la expansión cósmica. Los modelos de quintaesencia son compatibles con las observaciones. Sin embargo, la evolución temporal de la quintaesencia difiere ligeramente de la de la energía oscura, porque no tendría igual parámetro de estado. Dicho parámetro, que buscamos medir cada vez con más precisión, es igual a la relación entre la densidad de la energía y la presión (en unidades elegidas para hacer que esa relación no tenga dimensión). Es igual a -1 para la energía oscura y difiere en general de dicho valor para un modelo de quintaesencia. La densidad de energía asociada no es ya entonces constante y varía en el transcurso de la historia cósmica. Los cosmólogos esperan dejar en evidencia dicha variación en el tiempo.

Los modelos precedentes suponen que la relatividad general describe correctamente la gravedad en las escalas cosmológicas.

Pero quizás no suceda así. Los físicos se encontraron en múltiples oportunidades con situaciones de disonancia entre las observaciones gravitacionales y los actores físicos que se supone son su causa. Esto llevó a la detección de objetos nuevos o a la modificación de la teoría de la gravitación. Así pasó con el descubrimiento del planeta Neptuno gracias a los cálculos del astrónomo Urbain Le Verrier, que había inferido su presencia para explicar las anomalías en la trayectoria de Urano. Ya lo evocamos en el capítulo consagrado a la materia oscura: Le Verrier intentó torcer su hallazgo para explicar el avance secular del perihelio de Mercurio, y fue un fracaso. Esa anomalía orbital fue explicada bastante después de su muerte por una nueva teoría de la gravitación: la relatividad general de Einstein. La cosmología actual se encuentra frente a un dilema análogo: ¿hay que salvar las leyes de la gravitación introduciendo nuevos actores físicos sombríos (materia oscura y energía oscura)? ¿O más bien debemos intentar modificar las leyes de la gravitación para dar cuenta de las observaciones?

Un modo de ir en el sentido de una modificación de las leyes consiste en suponer que nuestro espacio-tiempo de cuatro dimensiones posee una dimensión de espacio suplementario, una quinta dimensión, que se extiende hasta el infinito. Solo el gravitón –partícula que vehiculiza la interacción gravitacional– se podría propagar en dicha dimensión suplementaria. Como las demás partículas, por ejemplo el fotón, no pueden acceder a ella, esa dimensión suplementaria se escapa a nuestras mediciones habituales, pero se podría manifestar a través de su efecto sobre la gravitación. Las implicaciones cosmológicas son importantes. A pequeña escala, la probabilidad de que los gravitones escapen es muy débil y las ecuaciones de la relatividad general describen correctamente la gravitación. A una escala mayor, un cierto número de los gravitones se escapan a la quinta dimensión y las ecuaciones de la relatividad general ya no son acordes. El efecto gravitacional de la materia a gran escala, que queda sobreestimado si suponemos que la relatividad general es válida, da la impresión entonces de que el ritmo de la expansión del universo aumenta. El modelo encontró numerosos ecos entre los cosmólogos pero presenta varias dificultades teóricas y experimentales. Subrayemos que es muy difícil modificar la relatividad general a gran distancia al mismo tiempo que seguimos estando en acuerdo con los *test* precisos de dicha teoría que van de las escalas comunes a la escala del Sistema Solar.

Se consideró también renunciar al principio cosmológico. Si las observaciones de la radiación difusa cosmológica tienden a probar que el universo es prácticamente isótropo, la homogeneidad a gran escala sigue estando sujeta a debate. La aceleración de la expansión que se deduce de la expansión del movimiento de las supernovas podría desprenderse de las in-homogeneidades locales. Haría falta entonces refundar las cosmologías no ya basándonos en los espacios de Friedmann-Lemaître sino en aquellos de Tolman-Bondi, cuya principal característica es tener una curvatura que varía en el espacio alrededor de un centro que ocupa una posición particular en el universo. Se trata de escenarios que no han sido todavía completamente explotados y siguen siendo fragmentarios.

Este inventario no exhaustivo de los modos de dar cuenta de la aceleración y la expansión del universo da testimonio de la dificultad que presenta la elaboración de una teoría física de dicho fenómeno. Por el momento, ninguno de los acercamientos mencionados logra unanimidad, incluso si la energía oscura es la hipótesis más admitida por los astrofísicos. La cuestión de la interpretación de la aceleración de la expansión del universo fue origen de no pocos trabajos que tienen el mérito, sobre todo, de llevarnos a entender mejor el modelo cosmológico estándar. Los datos por venir, especialmente los provenientes de los grandes programas de observación tales como aquel previsto para el satélite europeo *Euclid*, deberían permitir invalidar un cierto número de aproximaciones y comprender mejor el misterio de la energía oscura y las propiedades de la gravitación a muy amplia escala. Hoy, la causa de la aceleración de la expansión del universo sigue siendo una cuestión abierta.

Los misterios de la energía oscura

Con sus especulaciones oscuras e inciertas
sobre la naturaleza íntima de las causas de las cosas,
el filósofo es semejante a un "ciego que buscara
en una sala oscura un gato negro que no está allí".

WILLIAM JAMES,
Quelques problèmes de philosophie

Un soñador que extendiera su ensoñación a las dimensiones del universo se vería llevado naturalmente a la serenidad, estima Bachelard: "El eje normal de la ensoñación cósmica es aquel a lo largo del cual el universo sensible es transformado en un universo de la belleza"[29]. Semejante sueño de equilibrio armonioso y de eterna estabilidad, ¿inspiró a Einstein su constante cosmológica? ¿No se suponía que esta constante contrabalanceaba el efecto de la gravitación e impedía que el universo terminara por derrumbarse? Al agregar un término a la geometría del universo, Einstein pensaba haber garantizado un estado homogéneo y estático –su "tranquilidad", habría dicho Bachelard: "La *Tranquilidad* es el ser mismo del Mundo y de su Soñador"[30]. Con su constante, Einstein había fijado el punto de equilibrio frágil entre dos amenazas simétricas que acechaban al universo: la retracción y la expansión infinita. Pero el sueño se rompió. Las observaciones de los astrónomos hicieron inclinar la balanza en el sentido de la expansión, luego, de modo más sorprendente, hicieron inclinar la expansión hacia

29. *Poética de la ensoñación*, traducción de Ida Vitale, FCE, México, 1982.
30. *Poética de la ensoñación*, traducción de Ida Vitale, *op. cit.*

una aceleración inesperada. Y el color de ese misterio es evidentemente la negrura de la energía oscura.

Mi ecuación, decía Einstein, se parece "a un edificio, una de cuyas alas estuviera edificada en mármol fino (el primer miembro de la ecuación) y la segunda estuviera hecha de madera de mala calidad (el segundo número de la ecuación)"[31]. El mármol designa la geometría, la curvatura del espacio-tiempo, mientras que la madera de pésima calidad simboliza el contenido material del universo. Ahora bien, en griego, "madera" se dice *hylé*, palabra que designa también la materia en general. La madera de la cual habla Einstein evoca entonces lo que los filósofos tardíos de la Academia llamaban la "materia prima", es decir, el sustrato indiferenciado de toda cosa, una materia informe, confusa, oscura, sin ninguna cualidad propia.

Durante décadas, los científicos siguieron siendo fieles al mármol impasible; se conformaron con la constante cosmológica y su no-sustancialidad geométrica. Luego, un día, o quizás una noche, se cansaron de deformar la grilla espacio temporal y franquearon el Rubicón algebraico. Se apoderaron de la *hylé* como si fuera un material maleable a su voluntad, y volvieron a abrir la caja de Pandora de una ontología rebosante. Así fueron liberadas las potencias de un imaginario fantástico e inquietante, el de la última y la más potente imagen negra: las Tinieblas.

Hubiera bastado con una manipulación matemática anodina –cambiar el signo de un término algebraico haciéndolo pasar al otro lado de la igualdad– para que su significación cambiara de un extremo a otro. Es una experiencia banal en matemática progresar por medio de la manipulación ciega de los términos de una ecuación. En una entrevista que dio en 1996, Andrew Wiles (1953) explica que la búsqueda en matemáticas le evoca la exploración a tientas dentro de una habitación oscura: "Entramos en una habitación y nos encontramos en la oscuridad, la negrura completa, tropezamos y nos golpeamos contra los muebles y luego, poco a poco, aprendemos dónde están y finalmente, al cabo de aproximadamente seis meses, encontramos el interruptor". Otro gran matemático la compara con la exploración de un paisaje cubierto por un velo de tinieblas: "Ese período oscuro que marca los primeros pasos de un matemático en territorio

31. Albert Einstein, *Physique et Réalité*, 1936, p. 370.

desconocido, es la primera fase del ciclo habitual. Luego del negro viene un tenue, un tenue brillo frágil que nos hace pensar que algo se está preparando (...)"[32]. El matemático sabe domesticar la oscuridad. Solo presiente un problema si su estancia en la negrura se prolonga durante demasiado tiempo y lo hace dudar de haberse perdido una bifurcación en la noche o haberse aventurado en un camino que no desemboca en nada. Distinto es lo que ocurre con la física cuando ya no se trata de puras matemáticas porque, incluso en la física más teórica, la manipulación de signos tiene consecuencias metafísicas inconmensurables. Así, la transferencia de un miembro de la ecuación hacia el otro transforma la constante cosmológica en una misteriosa energía oscura, y viceversa.

"Energía oscura" es la traducción más habitual de la expresión *dark energy*, que fue introducida por Dragan Huterer y Michael Turner en 1998 para designar la causa posible de la aceleración y de la expansión del universo. En francés, el adjetivo "negro" [*noir*] pegado a "energía" [*énergie noire*] asume un sentido que constituye una innovación en relación con los casos que ya hemos estudiado. Más que la dificultad de la detección, señala la ignorancia de la naturaleza del fenómeno en cuestión: con la energía oscura [negra] nos encontramos verdaderamente sumergidos en lo negro, y a tal punto que, para definir su naturaleza, nos referimos a aquello a lo cual esa "energía" se opone: se manifiesta por medio de una repulsión que es la inversa de la gravitación. "Negro" [*noir*] toma entonces una significación inédita, a la vez metafórica –designa la ausencia de conocimiento– y especulativa –al evocar la oscuridad de una definición plenamente negativa. Los filósofos y los teólogos conocen este giro que consiste en definir una entidad metafísica enumerando aquello que no es: se trata de la retórica de la ontología negativa. Este procedimiento siempre fue considerado como el último recurso antes de admitir que la razón ha alcanzado sus límites e impacta contra lo inefable, si existe, o con la ilusión.

La oscuridad de la energía es entonces misteriosa. Es la marca de una inversión de los valores: la energía oscura es antes que nada aquello que se opone a la gravedad. En un sentido, su negatividad la vuelve

32. Cédric Villani, *Théorème vivant*, p. 264.

análoga a la negrura de las misas negras, esos ritos satánicos en los cuales se suponía que los símbolos sagrados eran derribados y profanados a fin de invocar al Maligno. A esta sombría asociación el hombre de razón la barre con el dorso de la mano: la energía oscura no tiene punto de relación con las imágenes maléficas vinculadas con la brujería... ¿Pero estamos seguros?

Lección de tinieblas

La energía de la que tratamos ejerce de todos modos un influjo temible: toma poco a poco la delantera sobre las restantes fuerzas cósmicas y condena la materia a diluirse en un universo que se estira indefinidamente. A largo plazo, las galaxias estarán tan alejadas unas de las otras que serán como islas solitarias que van a la deriva en el medio de un océano tenebroso y sin límites. Ya no será posible saber que existen otros mundos, de tan repelidos que habrán sido más allá del horizonte. La idea misma de universo habrá desaparecido, o no será sino un mito. He aquí las ensoñaciones sombrías que asaltan a quien se deja arrastrar en el surco imaginario de la energía oscura. Hunde al universo entero en las tinieblas del fin de los tiempos.

Las tinieblas simbolizan la noche cósmica, la totalidad indiferenciada y aterradora. Los especialistas de los símbolos como Mircea Eliade (1907-1986) afirman que, pese a todo, no son estrictamente negativas: encierran latencias, virtualidades, simientes fecundas. En la Biblia, se dice que Dios creó el mundo así, a partir de las tinieblas primordiales, en la soledad y el caos, en el *barullo*. Pero estas tinieblas eran precisamente aquellas que *preceden* al mundo. La energía oscura representa, por el contrario, un motor oscuro cuya influencia era desdeñable en su origen y que crece con el transcurso del tiempo. No remiten al imaginario de las tinieblas originales sino a aquel de las tinieblas finales. En su hermoso estudio sobre "El simbolismo de las tinieblas en las religiones arcaicas" (1960) Eliade subraya esa polaridad: las tinieblas simbolizan aquello que precede la existencia, la nada fecunda –están emparentadas entonces con el caos primordial, ahí donde ninguna forma se puede discernir todavía, esa fase pre-individual del ser de la cual no se desprende todavía ninguna estructura autónoma–, pero simbolizan también aquello que prosigue a la aniquilación del mundo, lo que permanece luego de la desaparición de los individuos, cuando ya han vuelto a integrar la vacuidad estéril e indiferenciada de la nada. Las tinieblas inspiradas en la energía negra se sitúan de este lado último y negativo. Si no son "nada", simbolizan de todos modos la imposibilidad de la existencia, el fin del mundo.

¿Quién va a matar al universo?

Al igual que Bachelard, Eliade acerca la fluencia de las Tinieblas a la fluidez de las aguas: el mundo sólo tiene la consistencia de una gota aislada de agua. Luego se evapora. Por otro lado, hay mitos que describen la creación del mundo como la emergencia de una isla hecha de agua y destinada a reintegrarse al elemento acuático como una futura Atlántida. Las cosmogonías asiáticas, de Oceanía y amerindias representan el pasaje de las tinieblas a la luz por medio de máscaras del tipo *t'ao-t'ieh* (palabra china que significa "ogro glotón"): representan a un monstruo negro que deja escapar de su enorme boca el sol o un niño luminoso. Ahora bien, esa pesadilla está destinada a volver a buscarnos al final de la vida. Las religiones arcaicas tienen un nombre para ese monstruo negro que vendrá a cerrar el bucle de nuestra existencia. ¿Pero qué nombre dar a aquel que, en el final de los finales, volverá a cerrar sus fauces oscuras pero esta vez sobre el mundo entero? De cierta manera, los cosmólogos se lanzaron a la conquista de las Tinieblas porque se tomaban muy en serio el hecho de dilucidar ese enigma. Ya no les bastaba con constatar que el universo se moría. Querían saber *quién lo había matado*. Por esa razón, su búsqueda de la energía oscura evoca la trama de las novelas negras.

La expresión "novela negra" designa dos géneros literarios diferentes: la novela gótica, que apareció a fines del siglo XVIII en Inglaterra (Horace Walpole, Mary Shelley, etcétera) de donde provienen ciertas espantosas criaturas, y la novela policial estadounidense posterior a la Primera Guerra Mundial (Dashiell Hammett, Raymond Chandler, etcétera) que narra las investigaciones en aguas turbias de "hombres de cuero duro" (*hard boiled*). Sucede que la búsqueda de la energía oscura sugiere un acercamiento con ambas formas de oscuridad: fantástica y criminal.

La búsqueda de la causa física de la aceleración de la expansión evoca, a veces, un relato perturbado habitado por numerosas monstruosidades. La profusión de hipótesis abre la puerta a una extraña ontología: por un lado, "la energía fantasma" que invocan ciertos teóricos y que tendría la curiosa propiedad de ver aumentar su densidad en el transcurso de la expansión del universo, como las sombras se van haciendo más espesas a medida que progresa la acción de los relatos de terror; por el otro la "quintaesencia", que es nombrada así por otros astrofísicos porque se opone a las cuatro formas conocidas de la materia-energía (la materia bariónica, los fotones, los neutrinos y la materia oscura); se nombra entonces por analogía con la manera en la cual Empédocles y los antiguos alquimistas consideraban al éter como un quinto elemento que era diferente del fuego, del agua, del aire y de la tierra; pero si los físicos hubieran manifestado más reverencia por la cosmogonía de Empédocles, habrían debido llamarla "Odio", porque es así como se llama la fuerza que separa las cosas: "Cada una llevada por separado por la repulsión que provoca el Odio" (*Manuscrito de Estrasburgo*); la energía del vacío cuántico, cuando es invocada para explicar la energía oscura, establece un lazo entre el microcosmos y el macrocosmos al precio de una hibridación audaz entre la relatividad general y la mecánica cuántica; en otra vena, la energía oscura evocará "el lado oscuro de la Fuerza". Hay bastantes otras hipótesis más "monstruosas" unas que otras, pero ninguna que sea satisfactoria. Pese a las numerosas pistas, la indagación sobre la naturaleza de la energía carece de norte y es frustrante.

Al respecto, hay que recordar que la novela negra estadounidense, la de la "serie negra", difiere también de la novela de enigma clásica en el hecho de que nada garantiza un final feliz. Peor aún: nada garantiza que el enigma finalmente se resuelva. A veces el héroe pierde sus ilusiones, la vigilancia fracasa y deja escapar al criminal... El suspenso está en su punto máximo. Nuestra ensoñación acerca de la energía oscura corre el riesgo de convertirse en la persecución de un ser inapresable. Sin embargo, no hay que desalentarse tan pronto. En el imaginario, nuestra indagación no tiene que preocuparse en lo más mínimo por la inexistencia de las criaturas que se ocultan en la oscuridad. Nos basta con creer en ellas para que estén ahí; se trata entonces de volver a encontrar un ser imaginario que tendría el perfil del culpable que se busca: una criatura oscura, potente, maléfica, responsable del descuartizamiento del mundo y capaz de aniquilar hasta un recuerdo de la luz.

La mitología nórdica es conocida por terminar en un combate gigantesco en el cual la totalidad (o casi) de los dioses, gigantes y hombres encuentran la muerte: *Ragnarök*. Este enfrentamiento es precedido por tres inviernos sin sol. La primera mención a ese fin del mundo se encuentra en la *Edda poética* (siglo XIII): el lobo Fenrir y sus hijos, Hati y Skoll, devoran respectivamente a los astros, el Sol y la Luna, privando al mundo de toda luz. Fenrir es entonces el sospechoso ideal. Cuando fue recogido por los Ases, no era todavía sino un pequeño lobezno, luego comenzó *a crecer desmesuradamente*. Cuando los Ases supieron que causaría su pérdida, lo inmovilizaron con un lazo mágico fabricado por los elfos sombríos con ayuda de materias que ya no existen (ruidos de pasos de gato, barbas de mujer, raíces de montaña, aliento de pescado, etcétera). Engañado por sus amos, quedó atado hasta el fin de los tiempos. Entendemos que haya acumulado un espantoso deseo de venganza. Fenrir, el asesino de Odín, el devorador de estrellas, es el culpable ideal.

Sin embargo, hay detalles que no encajan… Primero, Fenrir no es negro, es un lobo gris. Si el negro fuera privativo de un personaje del panteón nórdico, entonces es de Nótt, hija del gigante Norvi, que es la diosa de la Noche. Recorre el cielo sobre un carro tirado por un caballo negro y precede a su hijo, Dag, dios del Día, cubriendo la tierra con rocío. No tiene nada de criminal porque la oscuridad no está asociada con el mal entre los nórdicos. Como ya hemos mencionado, los dos cuervos de Odín son negros. Luego, el testimonio que abruma a Fenrir, el *Edda poético*, no es verdaderamente digno de fe. Fue redactado de modo tardío, cuando el politeísmo perdía terreno frente al cristianismo, por un sacerdote islandés que Régis Boyer sospecha de parcialidad: ¿no habría hecho perecer a todos los dioses paganos para dar a entender que la edad de las antiguas creencias había terminado? ¿No se habría inspirado en el Apocalipsis de San Juan? Todo eso nos permite pensar que los crímenes de Fenrir pudieron ser sumamente exagerados. Dicho de otra manera, se trataría de una denuncia hecha para calumniar. Hay que decidirse a exculpar a Fenrir con el beneficio de la duda.

¿Cuáles son los demás sospechosos? En el panteón egipcio, la serpiente gigante Apophis es negra y personifica el caos que agrede al Sol al final del día. Estaría lista para confesar los crímenes de los cuales se la acusa, porque lo que desea más vivamente es devorar al Sol. Pero todos los testimonios la describen como dejándose vencer sin lugar a dudas por Re, el dios del Sol, secundado por Seth, e incluso termina cortada en pedazos por la diosa felina Baster. En síntesis, puede fanfarronear todo lo que quiera pero en cada oportunidad recibe una paliza y apenas si gana alguna ventaja brevemente en los eclipses de Sol. La pista egipcia no se detiene ahí, sin embargo, porque nos podríamos preguntar si Apophis no sirve para alejar las sospechas de otro dios bastante más poderoso. ¿El verdadero culpable no sería Seth? Tiene una enorme boca negra; se lo llama "enorme de fuerza"; está casado con la diosa de la Muerte, Nephtys; ha asesinado a su hermano Osiris, cuyos miembros dispersó por los cuatro rincones del mundo; se ha casado con la salvaje Anat y la sideral Astarté; ¡incluso habría violado a su sobrino Horus, y, según otros testimonios, Apophis no sería su enemigo sino su socio! Seth el complotador podría muy bien hacer creer que se opone a las fuerzas de las Tinieblas rechazando los asaltos de Apophis junto a Re, mientras que en secreto prepara la victoria final de las Tinieblas sobre la luz del Sol.

¿Qué responde Seth a esta acusación? Primero, que él no tiene nada de criatura negra: se lo llama "el dios rojo". Luego, que dispone de numerosos testimonios de moralidad: en lo que hace al linaje de Ramsés, es una fuerza brutal pero intrínsecamente positiva. Finalmente, se dice víctima de un delito de discriminación: es el dios de los extranjeros y los pelirrojos, de la aridez del desierto y de los desheredados, del trueno y los rayos y de todo aquello que rompe el orden establecido y es perseguido. Es el dios bisexual, el dios de cabeza de chacal, el incomprendido. En síntesis, entremezcla las pistas y, a falta de pruebas, es preciso también que nos decidamos a exculparlo.

Podríamos convocar a Nyx, la diosa negra de la Noche de los griegos, que vive en el lugar del crimen, puesto que habita "en los confines de Oriente", en el fin del mundo. Pero tiene una coartada (está constantemente de viaje), y no tiene la fuerza suficiente para enfrentarse con las potencias astrales. De hecho, ninguna criatura de la mitología tiene el peso (o más bien el contrapeso, puesto que se trata de encarnar la anti-gravedad); por más que busquemos, no encontraremos una imagen lo bastante poderosa para personificar a las Tinieblas finales.

El vértigo de las hipóstasis

Entonces volvamos a nuestro punto de partida: ¿y si la personificación de la energía fuera una pista falsa? ¿Si la verdadera responsable fuera la anónima constante cosmológica? Una vez que se modifica su valor, empuja al universo hacia su pérdida. Lo que ha alejado nuestras sospechas, es que parece demasiado abstracta, sin correlato material. En tanto que permanezca sabiamente del lado geométrico de la ecuación de Einstein, la fuente de la fuerza repulsiva es inmanente a la propia estructura del universo: significa que es así y no de otra manera, y sin que sepamos la razón. Es la razón por la cual deja poco lugar a las proyecciones imaginarias. Es difícil fantasear sobre aquello que se mantiene por fuera del horizonte del universo.

De acuerdo con nuestro conocimiento, no hay sino una única metafísica que no es arriesgada. Se trata de la metafísica neoplatónica. Venerable, sofisticada, especulativa, forjó sus conceptos para domar una potencia de expansión infinita y, como Einstein, para fijar los límites de un Cosmos eterno. De todos modos conviene como nuevo punto de partida para nuestras ensoñaciones cosmológicas a la búsqueda de la energía oscura, porque viene acompañada del relato de la "emanación". A condición de pervertir algunas de sus leyes, la emanación puede ofrecer una narración imaginaria capaz de seguir la cosmología en sus desarrollos o más bien de remontarse a sus principios. Sin embargo, debemos estar prevenidos: el ascenso neoplatónico hacia el principio primero es difícil, y el relato de la emanación es tan abstracto como los modelos científicos.

La metafísica neoplatónica fue elaborada, entre otras, por Plotino (205-270), Proclo (412-485) y Damascio (460-537). Estos filósofos razonaban así: para explicar algo, es decir, para justificar el hecho de que una cosa sea lo que es, hay que encontrar su principio. Ahora bien, este principio no puede ser encontrado sino en el seno de un orden de realidad más elevado. Este método ascendente produce la jerarquía de las "hipóstasis", que son cada una el principio de las realidades de rango inferior. En el lenguaje común y corriente, el verbo "hipostasiar" significa sustantivar una acción (por ejemplo, cuando decimos "el beber y el comer"), pero asumió una connotación peyorativa en el lenguaje filosófico, especialmente luego de que Kant subrayara el hecho de que es ilegítimo hipostasiar en el sentido de "plantear la existencia de una cosa simplemente porque tenemos necesidad de ella lógicamente para probar la existencia de otra cosa que, ella, a su vez, sí existe". Según Kant, cometemos un abuso cada vez que pasamos de la necesidad de la hipótesis a la certeza de la hipóstasis. Por ejemplo, la energía oscura está *hipostasiada* cuando ciertos astrofísicos la presentan como una realidad observada, mientras que se trata de una hipótesis para dar alguna razón a la aceleración de la expansión.

Si la noción de hipóstasis despierta hoy alguna desconfianza epistemológica, la antigua metafísica neoplatónica asumía sin reserva su confianza en la lógica y el finalismo que consisten en plantear la existencia de algo para explicar otra cosa. Así, para dar razón de la forma de los seres naturales, hay que suponer que tienen un "alma", un principio que los anima. Por ejemplo, la trayectoria circular de los astros obedece al deseo de conformarse a su *daimon* inmóvil (porque el círculo es el movimiento más cercano al reposo). El Alma, es decir, el conjunto de las almas, es entonces la primera hipóstasis que descubrimos en el transcurso de nuestro ascenso. Y, entre las almas, la más alta e importante es por supuesto "El Alma del mundo", que da ritmo a la respiración del universo entero. Sin embargo, no entenderíamos cómo las almas actúan en el tiempo y el espacio si no existiera una hipóstasis más elevada, eterna y puramente inteligible, que garantiza la continuidad de su identidad a través de las variaciones temporales. Esta segunda hipóstasis es Ser (o *Logos*) que está más allá del tiempo y del espacio. Reúne a todos los seres inteligibles entre los cuales los más primordiales no son los dioses sino los números. Y entre los números, el más fundamental es "el uno", porque confiere la unidad a todos los números y a todos los demás seres (desde un punto de vista técnico, hay dos "unos": la unidad, que por suma sucesiva engendra los otros números, y un verdadero primero, que confiere su propia unidad a esos números, es decir, que hace que, por ejemplo, cinco veces la unidad sea un número, el 5).

¿Esto ya le parece a usted lo bastante complejo, demasiado abstracto e incluso algo oscuro? El razonamiento de Plotino no termina aquí: todos los seres forman la hipóstasis del Ser. ¿Pero a partir de qué el Ser mismo sostiene su unidad? Ciertamente, no de un "uno" como el que acaba de ser evocado, puesto que no es sino un ser. Incluso si es un *primus inter pares*, el uno no podría extraerse del Ser para aplicársele en su totalidad. En el pensamiento de los neoplatónicos hay un respeto por el rigor lógico, por las definiciones y la distinción de los niveles que evoca las precauciones destinadas a evitar las paradojas en el seno de la teoría de los conjuntos: uno no podría ser el principio de la unidad, de aquello de lo cual es una parte, del mismo modo que en matemática no hay "conjunto de todos los conjuntos". Si el ser no se puede dar a sí mismo su unidad, entonces es porque hay una hipóstasis primordial, anterior al Ser, una hipóstasis en el origen de todos los seres y causa de su unidad. De ese principio primero no podríamos siquiera decir que *es* (o que no es), porque sería equivocarse respecto de su naturaleza y expresarse como si fuera un ser. A la hipóstasis suprema Plotino la denomina "el Uno" porque confiere la Unidad al Ser y porque en ella no subsiste ninguna huella de la multiplicidad de los seres o las almas.

De ahora en más, y una vez consumado el ascenso, puede comenzar el relato de la emanación: del Uno emana el Ser. Luego (pero no se trata de una sucesión temporal, puesto que el tiempo no existe todavía), el Ser queda sujeto a una "procesión" interna, a saber el engendramiento de números sucesivos, luego de todos los seres, al punto en que engendra la idea del alma y desborda respecto de sí mismo para engendrar una realidad sumergida en el tiempo: el Alma. *É*sta produce a su vez el conjunto de las almas que animan, en el tiempo y el espacio, a la Naturaleza, que a su vez anima a la materia, pero que ya no es ella misma principio de nada de todo lo que existe. De modo que las cosas materiales, las que nos rodean, son las realidades últimas, las más bajas, antes de impactar contra el límite inferior, a saber la "materia prima", una materia informa que no tiene cualidad propia alguna, porque no es sino casi nada, el receptáculo pasivo de las formas.

La coherencia lógica del relato de la emanación es fuerte; por otra parte, excluye toda intervención arbitraria de un dios creador. El Uno es una hipótesis superior a cualquier divinidad: es el origen de todos los dioses que el hombre podrá soñar (nunca son sino seres). El imaginario de la constante cosmológica, indiferente a las teodiceas y a las cosmogonías, podría bien ser neoplatónico. Pero sería un neoplatonismo invertido, pervertido, un neoplatonismo *negro*... Porque las tinieblas están del lado de la materia informe y no del Uno, que metafóricamente está más cerca de la impalpable belleza de la luz que de cualquier otra cosa sensible. Plotino se negará a hipostasiar una fuerza capaz de quebrar la armonía eterna del Cosmos. Se alinearía resueltamente del lado de Einstein para establecer un hermoso universo estático y eterno. La fuerza repulsiva de la energía oscura derriba la dinámica de la emanación: la lleva por el mal camino; transgrede los límites. El relato de Plotino de la emanación no resiste el ladeo de la constante cosmológica hacia la expansión acelerada.

La metafísica neoplatónica todavía posee recursos, sin embargo. Se remonta más arriba, siempre más arriba, hasta un principio primero que está incluso más allá de toda limitación. En los *Elementos de teología* de Proclo, la hipóstasis suprema asume el nombre de "potencia infinita", *apeiron dynamis*. Ahora bien, *apeiron* quiere decir "ilimitado". Una ilimitación que recuerda la potencia de dilatación de la energía oscura. Más perturbador todavía es que Proclo llama también *apeiron dynamis* a la "materia prima", aquello que no tiene ninguna estructura ni unidad. Entonces hay dos maneras en que la potencia puede ser "infinita": sea en tanto que superpotencia, generosidad absoluta de la cual emanan los seres, sea, por el contrario, como pasividad absoluta, por la privación de toda cualidad. El sistema está en tensión entre la potencia infinita de arriba y la potencia infinita de abajo. Ciertamente la eternidad del universo no se cuestiona, ¿pero no encontraríamos en esta polaridad acaso una imagen que conviene a la energía oscura? En la cosmología actual, pasamos de una potencia infinita a la otra, pasamos del "Big bang" al universo reducido al polvo. La imagen de la energía oscura sería la emanación invertida que se ha convertido en degeneración.

Si nos arriesgamos a pensamientos de este orden, nos arriesgamos a no detenernos jamás, porque el gran alejamiento de la potencia infinita no es la última imagen oscura del neoplatonismo. La forma última del cuestionamiento fue alcanzada por Damascio. Solo él se atrevió a plantear la pregunta: "¿Cuál es el principio del principio?". Llevó el razonamiento lógico hasta sus límites, incluso más allá, al precio de una gran oscuridad. Miguel de Éfeso (hacia 1070-1140) decía de su estilo que era "negro como la tinta". Damascio razonaba en efecto en los límites de la razón. Produjo metafísica absoluta, vertiginosa y enceguecedora como alcohol puro: metafísica oscura.

El "Todo" de las cosas, el universo, debe tener un principio, afirma, y este principio no podría formar parte del "Todo". ¿Pero entonces cuál es? Difícil de decir, puesto que todo lo que nos viene al espíritu es forzosamente algo que forma parte del Todo. Al menos podemos decir lo que no es (y acá volvemos a encontrar la retórica de la ontología negativa); el Principio no es ni la Naturaleza, ni el Alma, ni el Ser, que forman parte del Todo. Tampoco es el Todo mismo, puesto que no podríamos, evidentemente, ser para nosotros mismos nuestro propio principio. Tampoco es el Uno que tenía en vistas Plotino, incluso si, por su simplicidad, el Uno sigue siendo lo que más se le acerca. No es el Uno porque el Uno se diferencia de todo aquello a lo cual acuerda la unidad, entonces se sigue definiendo a través de su relación con el Todo. Incluso la potencia infinita de Proclo se define por su relación con otra cosa que ella misma, el límite. Ahora bien, buscamos un principio absoluto.

Hay que reconocer, ciertamente, que todas estas negaciones no enseñan nada sobre la esencia del principio absoluto. Y está muy bien así, agrega Damascio. Porque, en definitiva, la búsqueda de lo absoluto, cuando se lleva rigurosamente a su término, se confronta con lo inefable y lo incognoscible. Hay que aceptar que el pensamiento se desvanezca, que caiga en un abismo, que se derrame, precisamente, en la "nada". El Uno es un concepto depurado, simple y hermoso, pero el verdadero absoluto debe escapar a toda aprehensión, incluso a las especulaciones más elevadas. Ahora bien, ¿qué escapa a todo pensamiento sino la Nada? Hay dos tipos de "nadas": la Nada superior al Uno, y la nada inferior a la materia. Damascio exacerbó la solución de Proclo: la nada desmiembra todavía más la metafísica que el infinito. Sentimos también que su discurso ha rozado el colapso en la oscuridad mística y el silencio. Como si ese neoplatónico tardío hubiera dado una última vuelta tremendamente arriesgada, y hubiera empujado hasta sus últimas defensas a su metafísica milenaria antes de que volviera ella misma al silencio, aniquilada por las religiones de un Dios creador que se considera "causa de sí", es decir antes de que la Academia sucumba bajo las persecuciones de las religiones vulgares que no se fastidian en lo más mínimo con restricciones lógicas o de rigor especulativo. Sin dudas es la lección que hay que retener del ejercicio: por buscar demasiado la imagen absoluta, nos arriesgamos a desembocar en la nada, y nos exponemos a ser barridos por un pensamiento menos sutil.

No hay que desesperar: ¡no todo es negro!

En *Sin aliento*, Jean Seberg pregunta a Jean-Paul Belmondo: "Entre la pena y la nada, elijo la pena (es una cita de *Palmeras Salvajes* de William Faulkner). Y tú, ¿qué elegirías?" Esta pregunta simboliza el dilema del psicoanalista del imaginario confrontado con el misterio de la energía oscura: o bien se lanza a la búsqueda desesperada de monstruos inapresables, o bien se hunde en la búsqueda del principio inaccesible hasta llegar a la nada. En este film (en blanco y negro), el héroe prefiere la nada porque la pena le parece un compromiso idiota (esto anuncia su fin trágico y "repugnante").

¿Podemos escapar al dilema? ¿No podemos liberarnos de la presión de las imágenes negras? Hay algo más siniestro en la alternativa como para que la aceptemos sin vacilar. Ciertos astrónomos y astrofísicos observaron además que existe una tercera vía: si renunciamos a la hipótesis de una distribución uniforme de la materia en el universo, entonces la aceleración de la expansión se podría explicar mediante un efecto de perspectiva, una "aberración" en el sentido óptico. La teoría de la relatividad de escala de Laurent Nottale (1952) permite también resolver el enigma sin tener que postular la existencia de la energía oscura. En ese caso, ya no hay necesidad de buscar un culpable. El universo recobra algo de sus colores. El poeta Jacques Réda (1929) termina uno de sus divertidos poemas científicos así:

¿Y luego qué? ¿El Universo estaría en fuga?
¿Y para escapar de quién? ¿Para llegar a qué lugar?
¿Qué eterno desastre? ¿Qué final triunfal?
Lo tenemos aquí, con un mensaje firme, fuera de la ley.
A la energía oscura [negra] habría que pintarla de rosa.

La dominación de lo negro

Al término de nuestra indagación sobre las ideas negras, ¿qué hemos aprendido? Primero, nos parece que el diálogo permitió hacer más claros y precisos los discursos de uno y otro como autores. Al atraer su atención sobre escrúpulos metafísicos, incluso anticuados, o sobre algunos matices recolectados en la historia de las artes y las ideas, el filósofo incita al físico a estar más atento todavía al uso de las palabras que deben traducir el conocimiento, mientras que corrigiendo la expresión vaga que traicionaría el rigor del razonamiento, o solicitando más audacia y fulgor poético para seguir la originalidad del pensamiento científico, el físico se vuelve, en lo que le concierne, el consejero indispensable del filósofo que va hilando las metáforas con conocimiento de causa.

Nos vimos sorprendidos también por la diversidad de los ecos entre ideas e imágenes. No hay regla absoluta en su correspondencia. Al escribir juntos, hemos aprendido un arte de la distancia. Solamente la investigación a la vez intuitiva y calculada de la distancia justa permite a las analogías entre ciencia e imaginario poner en valor tanto los ecos como las disonancias. Y esa distancia es variable: las líneas epistemológica y "psicoanalítica" raramente son paralelas, son más bien geodésicas no euclidianas; se deforman en la cercanía de sus objetos; con frecuencia se prolongan y relanzan; a veces se entrecruzan en la maravilla compartida, o divergen irónicamente. Sin embargo, esos tira y afloja no son arbitrarios. El diálogo da inicio a un trabajo de escritura que, en nuestra opinión, va más allá de un simple ejercicio de estilo.

La gradación de los negros exhibe una progresión que tiene un sentido: desde el negro familiar del cielo nocturno al negro más misterioso de la energía desconocida que se supone que explica la aceleración de la expansión del universo, pasar revista a las ideas negras supone también un trayecto histórico. Nos informa acerca de la evolución de las prácticas científicas de nominación (podríamos decir de "calificación", puesto que se trata de un adjetivo). Contrariamente a lo que a veces entendemos, el hecho de que el lenguaje científico sea construido en ruptura con el lenguaje común y corriente sobre la base de convenciones no significa que los nombres sean neutros o insignificantes respecto de la comprensión de las ideas. Por el contrario: la elección de las palabras tiene en general una importancia enorme y forma parte integrante del trabajo de la ciencia. También es flagrante que las prácticas de nominación hayan evolucionado mucho a lo largo de la historia de las ciencias y, en particular, que haya tenido lugar una aceleración al mismo tiempo que una modificación profunda de su finalidad en las últimas décadas.

La explicación de la negrura del cielo nocturno es una cuestión que quizás ya azuzara a las especulaciones de los astrónomos de la Antigüedad. Las respuestas aportadas a dicho enigma evolucionaron más tarde, en el transcurso de varios siglos, al ritmo del progreso del saber y las técnicas. La expresión "problema del cielo negro" es en sí misma bastante reciente y dicha designación parece carecer de todo misterio. Sin embargo, detrás de la evidencia de la observación cotidiana y el préstamo al lenguaje común y corriente se disimulan un problema espinoso y la definición singular de un negro transparente. He aquí un ejemplo de lenta sedimentación histórica del sentido.

La expresión "cuerpo negro" surgió de circunstancias diferentes y depende de una temporalidad completamente distinta. En 1860, Gustav Kirchhoff crea la expresión al mismo tiempo que la idea. Bautiza a su objeto teórico "cuerpo negro" por analogía: un cuerpo perfectamente negro es un cuerpo idealmente absorbente (y entonces idealmente emisor). Así transforma radicalmente el sentido del adjetivo para responder a las exigencias de precisión del lenguaje científico. El surgimiento de ese negro es instantáneo y está indisolublemente ligado al modelo teórico que designa. Está ligado entonces también a los problemas que se derivan de él, y que darán nacimiento, en menos de medio siglo, a una revolución científica, la mecánica cuántica, que constituye la gran sacudida reciente del sentido común. Al estudiar sus resonancias en el choque con el arte contemporáneo, hemos querido subrayar esta brusca aceleración de las metamorfosis del espíritu en el último siglo.

La formación y la difusión de la expresión "agujero negro" marcan una inflexión de las prácticas de nominación, una innovación.

El concepto es relativamente antiguo y durante largo tiempo no refirió sino a astros ocluidos o, más tarde, a los "cuerpos de Schwarzschild". A decir verdad, ni siquiera se los consideró fuera del seno de una fracción mínima de la comunidad científica. A pesar de su encanto anacrónico, el astro ocluido no interesaba a mucha gente. Es difícil determinar quién fue la primera persona en utilizar el término "agujero negro". Pero cuando en 1967 John Wheeler eligió volver a bautizar así la idea preexistente, deliberadamente hace una operación de *marketing* cuyo secreto posee: una suerte de *design* semántico. Forja una expresión destinada a poner de relieve un concepto partiendo de su significación teórica, pero explotando sobre todo su prominencia imaginaria. El éxito es prodigioso: los agujeros negros monopolizan la atención de sus colegas, invaden la ciencia ficción e integran finalmente el lenguaje común y corriente y la cultura general.

En un medio muy competitivo, como se ha convertido el medio de la investigación científica durante la segunda mitad del siglo XX, semejantes prácticas de *design* semántico eficaz se convirtieron en una necesidad estratégica: no basta con hacer un gran descubrimiento; hay que darle un nombre que llame la atención de los pares y asegure su irradiación en el campo de la investigación, incluso más allá de él. Dentro de esta perspectiva hay que analizar la aparición de las famosas materia y energía oscuras.

Con ellas se ha dado la vuelta a la esquina en la evolución de las prácticas de nominación: ya no se trata de hacer valer rápidamente un descubrimiento, se trata de hacer valer, y por adelantado, los beneficios esperados de una hipótesis, es decir, ninguna otra cosa que la *promesa* de futuros descubrimientos. La expresión contribuye así a hacer existir, dentro de la comunidad, una idea que no es necesariamente aceptada por el conjunto de sus miembros: ciertos científicos presentan estas ideas negras como realidades observadas, mientras que su negrura significa que esos objetos son precisamente inobservables, mientras que otras personas siguen siendo prudentes frente a lo que consideran como burbujas especulativas. El periodista Sean Kalinich estima que "hay un uso interesante en el mundo de la ciencia; cuando no se puede explicar o caracterizar algo, entonces se agrega 'oscuro' (dark) después de la palabra habitual y entonces la convierte en perfectamente correcta" (*Decrypted Tech*, 20 de junio de 2012). Esta caricatura revela ciertos aspectos de la competencia desenfrenada en el seno de la investigación: empuja a un uso apresurado y sensacionalista de la nominación más que a una retranscripción fiel y paciente de las implicaciones conceptuales.

Podríamos dar otros ejemplos de esta deriva, pero permanezcamos dentro de las ideas negras: el hecho de que el adjetivo "negro" se preste particularmente bien a estas prácticas de *design* semántico ostentatorio es sin duda revelador de las evoluciones de la sociedad entera. En otros tiempos, lo negro no habría sido necesariamente tan atractivo. Incluso si remite a un elemento fascinante del imaginario, en el pasado se vio contaminado por asociaciones de ideas desvalorizadoras. El negro, en otras épocas, era más bien estigmatizante en el seno de la cultura, mientras que la modernidad se caracteriza por un predominio del negro, sobre-representado y sobrevalorado especialmente en el diseño de indumentaria: "El negro del *design* no es ni el negro principesco y lujoso de los siglos precedentes, ni el negro sucio y miserable de las grandes ciudades industriales; es un negro a la vez sobrio y refinado, elegante y funcional, alegre y luminoso, en síntesis, un negro moderno (...) el negro es a la vez moderno, creativo, serio y dominante" (Pastoreau, *Le Noir*, p. 189). El negro simboliza a la vez lo *chic* y la corrección, la elegancia y la sobriedad.

Hay que destacar entonces un hecho todavía más perturbador a propósito de las expresiones "materia negra" [*matière noire*] y "energía negra" [*energie noire*]: *solo existen en francés*. En inglés, lengua que domina las discusiones científicas, el adjetivo *black* [negro] no se aplica estas ideas: los anglosajones prefieren estudiar la materia oscura (*dark matter*) y la energía oscura (*dark energy*). Lo mismo ocurre en alemán: *dunkle Materie*, *dunkle Energie*. Para un investigador italiano, se tratará de materia y de energía *oscuras* (*materia oscura, energía oscura*). De modo que el particularismo lingüístico francés es notable: nuestra lengua es la única en "negrear" esas ideas. Para ser del todo justos, ocurre que estas expresiones coexisten con las de "materia oscura" [*matière sombre*] y "energía oscura" [*energie sombre*]. Distinguimos así, a veces, la materia oscura [*sombre*] de la materia "negra" usando la primera expresión para designar la materia difícilmente detectable pero que se supone de naturaleza clásica, y la segunda para la materia esencialmente exótica. Sin embargo, por regla general, el "negro" domina ampliamente y parece que los investigadores que insisten en utilizar "oscuro" [*sombre*] son precisamente aquellos que dan prueba de escepticismo respecto de estas ideas.

Figura 10. Bill Waterson, *The Complete Calvin and Hobbes, Book Four 1992-1995*, Andrews McMeel Publishing, 2012, p. 49 (strip 2).

Esto refuerza nuestro interés en considerar la connotación imaginaria que la negrura vehiculiza implícitamente dentro del lenguaje científico. La seducción de las ideas negras tiene algo que no se deriva del azar, sino del hecho de que inducen irresistiblemente imágenes negras. Calificar a una idea como "sombría" u "oscura" es indicar explícitamente la dificultad de su detección al mismo tiempo que se subraya también implícitamente el incordio teórico en el cual nos veremos si queremos caracterizar ese fenómeno. En ese sentido, agregar *dark* convierte efectivamente a las ideas en más correctas porque ese adjetivo debe incitar a la prudencia. En la lengua de Shakespeare tanto como en la nuestra, algo sombrío, en sentido figurado, es algo difícil de comprender, incluso funesto ("una historia sombría", *une sombre histoire*). Del hecho de esta connotación, la *dark matter* o la *dark energy* aparecen como hipótesis arriesgadas, poco evidentes, que no se aceptan sin alguna perplejidad o repugnancia. Al elegir traducir *dark* como "negro", los investigadores francófonos modificaron profundamente el sentido de la nominación; la radicalizaron y aprovecharon el efecto simbólico de lo negro en nuestro lenguaje.

Ser negro es ser absolutamente sombrío, es decir, imposible de detectar. A través de esta absolutización de la oscuridad como negrura, la nueva nominación reprime las connotaciones vinculadas con la imagen sombría, es decir que oculta el indicio de las dudas que pueden legítimamente hacer frente a estas ideas. La negrura de la materia y de la energía negra simbolizan lo que está decididamente escondido y, paradójicamente, en lugar de cuestionar esas hipótesis, refuerza la creencia en su existencia. Imaginariamente, lo que es negro tiene más existencia que lo que es solamente sombrío. La materia oscura y la energía oscura resultan de una *sustancialización*: masa faltante y constante cosmológica adquieren el estatuto de realidades materiales indiscutibles. Al vestir así sus ideas de negro, los científicos asumen un riesgo que quizás se vea coronado por el éxito, o que restituirá al negro otro de sus valores tradicionales, el del duelo. "Los ropajes negros que llevan los hombres de nuestro tiempo son un símbolo terrible (...) Es la razón humana misma la que ha derribado todas las ilusiones y lleva el duelo" (Alfred De Musset, *La Confession d'un enfant du siècle*, 1836).

Pase lo que pase con el desenlace que los progresos de la ciencia aporten a estas cuestiones, creemos que las dos iluminaciones que nos ofrecen la epistemología histórica y el psicoanálisis del conocimiento son pertinentes y complementarios. Permiten adquirir una perspectiva en relación con cuestiones complejas y candentes, difíciles y agudas, que mezclan siempre el rigor del razonamiento con un compromiso inevitablemente afectivo. Lo que nos sedujo en las ideas negras y lo que las hace tan preciosas es esa complejidad de la construcción algebraica experimental con la latencia de un rico simbolismo imaginario. Es lo que las convierte en tan fascinantes y lo que reclama, por esa misma razón, otros tantos esfuerzos a fin de ponerlas a distancia y permitir un trabajo de acomodamiento, es decir, de destinarles una mirada ora crítica, ora benévola.

Bibliografía

Las ideas negras de la física

Gaston Bachelard, *Le Nouvel Esprit scientifique*, París, Vrin, 1983 (1934).
Gaston Bachelard, *La Formation de l'esprit scientifique. Contribution à une psychanalyse de la connaissance objective*, París, Vrin, 2004 (1938).
Gaston Bachelard, *La Psychanalyse du feu*, París, Gallimard, 2008 (1938).
Gaston Bachelard, *L'Eau et les R*eves. Essai sur l'imagination de la matiere, París, Jose Corti, 1956 (1940).
Gaston Bachelard, *La Terre et les Rêveries du repos. Essai sur les images de l'intimité*, París, Jose Corti, 2004 (1948).
Gaston Bachelard, *Études*, París, Presses universitaires de France, 2001 (1970).
Andre Franquin, *Idées noires. L'intégrale*, París, Fluide glacial, 2001.
Henri Michaux, *L'Infini turbulent*, París, Gallimard, 2012.

El cielo negro

Edward Harrison, *Le Noir de la nuit, une énigme du cosmos*, París, Seuil, 1998.
Heinrich Olbers, *La transparence de l'espace cosmique*, extraído de "Astronomie et Astrophysique", presentado por J.-P. Verdet, París, Larousse, 1993.
Jean-Michel Alimi, *Pourquoi la nuit est-elle noire?*, París, Le Pommier, col. "Les Petites Pommes du savoir", 2002.

¿Por qué el cielo es negro?

Aristóteles, *De l'Âme*, París, Les Belles Lettres, 1989.
Gaston Bachelard, *L'Air et les Songes. Essai sur l'imagination du mouvement*, París, Jose Corti, 1987 (1943).
http://www.germaincaminade.com/
Eratóstentes, *Catastérismes*, París, Les Belles Lettres, 2013.
Annie Mollard-Desfour (ed.), *Le Dictionnaire des mots et expressions de couleur. Le Noir*, París, CNRS Editions, 2005.
Michel Pastourau, *Dictionnaire des couleurs de notre temps*, París, Bonneton, 1992.

El cuerpo negro

Etienne Klein, *Le Facteur temps ne sonne jamais deux fois*, París, Flammarion, col. "Champs sciences", 2009.
Thomas S. Kuhn, *Black-Body Theory and the Quantum Discontinuity, 1894-1912*, University of Chicago Press, 1987.

Le rayonnement du corps noir

Paul Valery, *Introduction à la méthode de Léonard de Vinci*, París, Gallimard, 1992.
Alfred Pacquement et Pierre Encreve (ed.), *Soulages*, París, Editions du Centre Pompidou, 2009.
Maurice Merleau-Ponty, *Phénoménologie de la perception*, París, Gallimard, 1945.
Jean Perrin, *Les Atomes*, París, CNRS Editions, 2014.

El agujero negro

Matteo Smerlak, *Les Trous noirs*, París, Presses universitaires de France, col. "Que sais-je?", 2016.
Jean-Pierre Luminet, *Le destin de l'univers – Trous noirs et énergie sombre*, París, Fayard, 2010.
Kip S. Thorne, *Trous noirs et distorsions du temps*, París, Flammarion, col. "Champs sciences", 2009.
Christopher Priest, *Le Monde inverti*, París, Gallimard, 2002.

Charles Sheffield, *Les Chroniques de McAndrew*, París, Le Livre de poche, 1990.
Dossier *Pour la Science* n° 75, "Trou noir", abril-junio de 2012.
Conferencias de Alain Riazuelo sobre el agujero negro:
http://www.canal-u.tv/video/cerimes/voyage_autour_et_a_l_interieur_d_un_trou_noir.7888
https://www.youtube.com/watch?v=A_KBd0kSlAc

La gravedad del agujero negro

Gaston Bachelard, *La Terre et les Rêveries de la volonté*, París, Jose Corti, 1988.
Michel Pastoureau, *Noir. Histoire d'une couleur*, París, Seuil, 2008.
Victor Hugo, *Les Contemplations*, París, GF-Flammarion, 2008.

Materia oscura

Gianfranco Bertone, *Le mystère de la matière noire, dans les coulisses de l'Univers*, París, Dunod, 2014.
Dossier *Pour la Science* n° 83, "Les mysteres du cosmos, du big bang aux trous noirs", abril-junio de 2014.
Robert H. Sanders, *The Dark Matter Problem: a Historical Perspective*, Cambridge, Cambridge University Press, 2010.
Alain Bouquet et Emmanuel Monnier, *Matière sombre et énergie noire*, París, Dunod, 2008.

Las alquimias de la materia oscura

Françoise Bonardel (éd.), *Philosopher par le feu. Anthologie des textes alchimiques*, París, Almora, 2009.
Carl Gustav Jung, *Dialectique du moi et de l'Inconscient*, París, Gallimard, 1986.
Marguerite Yourcenar, *L'Œuvre au noir*, París, Gallimard, 1986.

Energía oscura

Dossier *Pour la Science* n° 83, "Les mysteres du cosmos, du big bang aux trous noirs", avril-juin 2014.

Jean-Pierre Luminet, *Le destin de l'univers – Trous noirs et énergie sombre*, París, Fayard, 2010.
Alain Bouquet et Emmanuel Monnier, *Matière sombre et énergie noire*, París, Dunod, 2008.
Jean-Philippe Uzan et Patrick Peter, *Cosmologie primordiale*, París, Belin, 2005.

Los misterios de la energía oscura

Ferdinand Alquie (ed.), *Polarité du symbole*, París, Desclée de Brouwer, 1960.
Gaston Bachelard, *La Poétique de la rêverie*, París, Presses universitaires de France, 1974.
Regis Boyer, *L'Edda poétique*, París, Fayard, 1992.
Damascius, *Traité des premiers principes*, tome 1, *De l'ineffable et de l'un*, París, Les Belles Lettres, 1986.
Albert Einstein, *Œuvres choisies*, tome 5, *Physique et réalité*, París, Seuil-CNRS, 1991.
Jacques Reda, *La physique amusante*, París, Gallimard, 2009.
Cedric Villani, *Théorème vivant*, París, Grasset, 2012.

Cet ouvrage, publiè dans le cadre du Programme d'aide à la publication Victoria Ocampo, a bènèficiè du soutien de l'Institut français d'Argentine.

Esta obra, publicada en el marco del Programa de ayuda a la publicación Victoria Ocampo, cuenta con el apoyo del Institut français d'Argentine.